After a Fashion

Joanne Finkelstein

ファッションの文化社会学

ジョアン・フィンケルシュタイン　成実弘至 訳

せりか書房

ファッションの文化社会学——目次

第一章　現代社会とファッション

結局のところ、流行とはいつも半年ごとに変えねばならないくらい、耐えがたくみっともない形式のことだ。

オスカー・ワイルド

スキャンダラスなファッション

一九九五年一月二七日、ポーランドのアウシュヴィッツにあるナチスの強制収容所が解放された五〇周年記念にあたるこの日、ファッションブランドのコム・デ・ギャルソンは、パリのヴァンドーム広場でメンズコレクションを発表した。ファッションショーのテーマは「眠り(sleep)」。しかし背の高いやせた坊主頭の若者二人が、数字のプリントされたガウンとストライプ柄パジャマを身につけて舞台に登場するや、マスコミ関係者から非難のどよめきがおこった。なぜなら、それはあの強制収容所のユニフォームを強烈に想起させたからである。このショーがおこなわれたのは、ヨーロッパをはじめ世界中の記念式典でホロコーストの犠牲者が追悼されていた、まさにその日のことだったのだ。同じ週、ファッションブランドのジャン＝ルイ・シェレルのデザイナー、ベルナール・ペリスは第二次世界大戦の負の象徴、とくにナチス記章をモチーフにしたクチュール・コレクションを発表して新聞から酷評を浴びせられた。彼はモデルにドイツ軍とそっくりな鉄十字をつけたゲシュタポ風制帽をかぶらせたのだそうだ。それに対して各国のマスコミは、ネオナチ・スタイルをあからさまに引用するなど言語同断の悪趣味だと反発。その一方でメディアは、コム・デ・ギャルソンのデザイナー、川久保玲がコレクションがひきおこした騒ぎに当惑していることを伝えている。川久保によると、ショーはタイミングが悪かっただけで、スキャンダルを意図したものではなかったという。この事件は一九九四年にシャネルのデザイナー、カール・ラガーフェルドが引き起こした騒動を想起させる。その時シャネルはグレーの真珠でコーラン詩節を縫いこんだ細身のボディス（婦人用胴着）を発表し、多くのイスラム教徒の感情を逆撫でしたのだった。そのマスコミの反響が伝えられた後、シャネルはこの服の販売を見あわせ、処分してしまった。ラガーフェルドと同じく、川久保も服を売場から下げることになる。*

　世界中のファッションジャーナリズムは、さまざまなファッションの販売促進に加担する一方で、こうした事件をつくり出し、モラルの問題として提起することで話題作りをしてきた。八〇年代はじめに川久保玲のコム・デ・ギャルソンがポスト・ヒロシマと呼ばれることになるコレクションをひっさげてパリに進出したとき、洋服を引き裂いたり、粉をふりかけたことに不快感が表明されたものだ。また一九八二年にインド政府の招聘をうけてザンドラ・ローズがインド産織物のプロモーションをおこなったとき、ローズは伝統的民族衣裳サリーを引き裂いたり裾を破いたりしてつくり直したが、それはデザインではなくただ侮辱としか受けとめられなかったという。また最近の例では、コム・デ・ギャルソンが秋冬コレクションで、モデルを軍隊毛布や作業着にくるみ、路上生活者さながらの姿で登場させたり、ベルサーチもファッションショーの音楽として、ストリートに生きる貧しい少女を歌ったフィル・コリンズの「パラダイス」を、何十万ドルもの服をつけたモデルの伴奏曲に使っている。またイタリアのファッションブランド、ドルチェ&ガッバーナが一九三〇年代のアメリカのギャングを思わせるハイカラでシックなスーツを発表したとき、イタリア社会はマフィアを裁判にかけようとした判事や捜査官の暗殺事件を解決するために奮闘している真最中だった。ボスニア以東の内戦状態や世界に増えている貧窮した人々などのイメージも、ヨーロッパでのファシズム、貧困、混乱、暴力を表現するためのモチーフによく流用されるが、世界中のマスコミは許しがたい無神経と非難している。

ファッションジャーナリズムはデザイナーを浮き世離れしたイメージで繰り返し伝えてきた。たとえばイヴ・サンローランは繭状カプセルに閉じこもって、新聞、ラジオ、テレビとはいっさい接触しないのだそうだ。現在のクチュール産業を思わせる彼らの孤立を考えると、毎シーズンどこかのデザイナーが政治的にややこしい領域にうっかりと侵入してしまい、もめごとを引き起こすのも当然のことかもしれない。しかしオートクチュールはセンセーショナルでショッキングなショーをすることに定評があり、ラガーフェルド、ペリス、川久保そのほかのデザイナーの実例が示している政治的非常識は、ファッション産業の戦略ではないかとも指摘されている。[*] オートクチュールのショック戦略は、一九六〇年代と七〇年代にヴィヴィアン・ウエストウッドとマルコム・マクラレンが開発したもので、キングス・ロードにあったセックス、セディショナリーズ、ワールズ・エンドという順に名前の変わっていくブティック[*]では、引き裂かれた服やカミソリの刃、安全ピン、チェーンやSM用具で作られたジュエリーが売られていたものだった。しかしマクラレンとウエストウッドの扇情主義も、今のファッションショーに見られるポスト・ヒロシマやネオナチ風軍国主義にくらべれば、風変わりなおもしろさがあったという。すくなくとも『インディペンデント』紙のマリオン・ヒューム、『インターナショナル・ヘラルド・トリビューン』紙のスジー・メンケス、『ロイター』のリー・ヤノウィッツらファッション担当記者にはそう見えるようだ。[1]

　またオートクチュールの内幕をレポートする記事を読むと、ファッションは文化における弱肉強食の世界だ。二〇世紀のファッションは一大産業である。流行のファッションを生産し、マーケティングをおこない、消費させることによって、何百万人もの雇用と何十億ドルもの収益を創出する巨大な経済効果がつくり出される。とはいうものの、重要な経済活動と見られているる一方で、それとは逆にファッションなんてとるにたりないことに大騒ぎしているだけの浅薄な現象だとの決めつけも根強い。ファッションにはこの矛盾がつきまとう。一方では、気晴らし、遊び心やユーモアを与えてくれ、沈滞しているビジネスに活を入れ、経済を回復させる特効薬として評価される。さらにまた、たとえば衣服における男性らしさ、女性らしさの規範を弱めることで、社会の変化や進歩を示す指標ともなる。しかしそれと同時に、ビジネススーツが長い間着られているように、保守的な志向性も持っているのだ。ファッションに具体的に見られるさまざまな例外《アノマリー》や変則を考えることで、現代生活をつくり上げている社会や文化の働

キングス・ロードにあったマクラレンとウエストウッドのブティック「セックス」。ここからパンクファッションが生まれた。

きを理解することができるのである。

現代人の感性とファッションの多様性

フレドリック・ジェイムソンの言葉をかりると、現代人の感性は矛盾するイメージやその場その場の歪んだ視点をまとめて意味をつくり出すがゆえに、典型的な分裂病である。[2] 彼なら最新のファッションはその典型というにちがいない。ファッションにあらわれるさまざまな矛盾は、日常生活の中の心理的な不安や葛藤に似ている。ジェイムソンのいう現代人の自己はでたらめで断片的で多様なのだから、彼らが流行を追い求めることはしごく当然でもっともな欲求といえよう。ディック・ヘブディジは、多くの具体例を挙げて、ファッショナブルな現代人を鮮やかに描いている。

今の広告から組み立てた理想の消費者とは具体的な「この男性」や「あの女性」ではなく、抽象的な「それ」である……若くて有能（支払い能力もある）、ポルシェを乗り回す性別不明の人。キャサリン・ハムネットのスカートにグッチのローファーをはき、テレビで『ダラス』

をビデオで『イーストエンダー』を鑑賞し、ラガービール、白ワイン、グロールシュ・ビールとコアントローを飲み、タンポンを使い、セント・ブルーノのたばこをすい、グリンツで髪を染め、ヌーベル・キュイジーヌも作るがマクドナルドでも食事し、休日はカリブ海で過ごし、ジョージ王朝まがいの邸宅に住む有閑階級……理想の消費者はかつての理想の生産労働者、すなわち肉体の快楽から疎外され、喜びに背を向けて、仰々しい労働倫理と家族の規律に従い、性的にも抑圧された名もなき者ではない。実際、理想の消費者とは社会的にも精神的にも完全なる混沌《カオス》を意味する。屋外広告や雑誌の見開き広告やテレビコマーシャルから浴びせられる矛盾だらけの問いかけから組み立てた理想の消費者とは、相反する欲望、願望、妄想、欲求のかたまりである……広告の主体とはデカルトのいう理性的で自立した主体ではなく……ドゥルーズとガタリのいう「器官なき身体」だ。絶対的に中心を欠いた主体、責任ももたず落ち着くこともない主体、つまり精神病的消費者、分裂症的消費者[3]。

ここではファッションはあまり好ましくないやり方で、つまり目新しいもの、気の晴れるものを与え、我を忘れさせることで、人々の関心を現在にのみ集中させる社会的抑圧の一種と考えられている。ファッションの役割は、思想や行動、そして衣服という物質を通して、個性的になり群衆のなかでめだつことなのだ。ファッションはたえず変化し、新しい世界を開き、新しいものを見せる。しかしそれが逆になることもまれではない。つまり、ファッションによって現状が維持され、社会秩序への服従と画一化が押しつけられることもある。よくよく見ていると、その動きは乱気流のようで、どの方向にもさだまらないのだ。レナート・ポッジョーリによれば、「流行のきわだった性質は、ほんの一瞬前までは例外や気まぐれだったものを無理強いし、それを急に新しいルールや規範として受け入れたかと思うと、それが当たり前になりみんなの『もの』になってしまった後はまたうち捨ててしまうことである」[4]。

流行には思想や商品や美意識をとりあえずひとつのレッテルにまとめる働きがある。あるとき急に、これこそ最先端、ここが流行の発信源、これこそ重要だと、いきなりみんなが気づき、納得してしまうものだ。そんな一瞬のひらめきこそが、ファッションの魅力なのである。ファッションを通して人間の創造性に直接ふれられると考えられているのも、そこに優れた感性が介在していると考えられているからだろう。しかしあまりにたくみに隠蔽されているので、ある意味でショッキングな正反対の性質もある。ポッジョーリも述べたように、流行とは実は永遠に同じであることであり、現状を維持する働きがあるのだ。それは、事態はむしろ逆だというのに、変化が起こっているかのように信じさせる大げさな身ぶり、詐術、手先の早業である。流行がいきなりひっくりかえってしまう、というポッジョーリの警告が示しているのはこのことだろう。流行とは本当に新しいものが広がっていくことではない。なぜなら真に新しいものは日常の生活構造にそんなに急にはとけ込まないのだから。ファッションは、行動、産業、社会的抑圧といったさまざまな形をかりて登場するが、新しいものを徹底して経験する機会にはならない。それは絶えずリサイクルされ、新たなマーケティング戦略を導入することで、維持されていく。

　思想として物質として、絶えず流通していることから、ファッションの本当の役割が、現状を破綻させずに、あたかも変化や新しい出来事がおきているように見せかけることにあるのは明らかだ。一般にファッションは、特定のグループのもつ行動様式と考えられている。経済と芸術、人間心理と商業、非凡と平凡とが入りまじっているせいか、ファッションは多くの評論家や理論家の注目を集めてきた。彼らによれば、ファッションの特徴は、社会、経済、美意識の現象であること、しかも同時にこれらすべてであることと定義される。本書において「ファッション」という言葉が使われるときも、それらすべてが含意されている。通常ファッションは衣服や外見のことだと思われているが、この点だけを見ると議論を見失うことになるだろう。『アフター・ア・ファッション（After a Fashion）』という原著タイトルが示すように、ここではファッション概念をたんなる商品のカテゴリーを超えて《アフター》考察するさまざまな立場が示されるだろう。ファッションを求めて《アフター》探求することは、到達できないとほとんどわかっていながら理想を追求することだ。「どうにかこうにか《アフター・ア・ファッション》」やりとげるという表現には、まるで満足のゆくレベルではないかのように、少々逸脱して不完全になってしまうというニュアンスが含まれるが、本書『ファッションの文化社会学』も、求めるものと得られたものとのギャップの結果といえる。したがって、本書の使う「ファッション」という言葉にも、さまざまなニュアンスが含まれているのだ。

さまざまな角度からの分析

長い間ファッションという概念が使われてきたせいか、それを考える視点はさまざまである。経済史学者、文化人類学者、人文科学研究者、心理学者、社会学者はそれぞれ独自にファッション研究に手をつけてきた。アナール学派の歴史学者フェルナン・ブローデルによれば、現代的な意味でのファッションの起源は、資本主義の黎明期、バザールや、一六世紀ヨーロッパをわたり歩いた行商人に求められるという。ブローデルにとって、ファッションは経済現象にほかならない。ほかの視点からは、ファッションは美意識、性、社会、心理が構成される過程としてとらえられている。J・C・フリューゲルに始まり、最近はアリソン・リュリーがおこなった心理学的アプローチは、消費者の行動とその心理にはたがいの意味が映し出されていると見なす。[5]人間はみずからが購入し、所有し、身につけ、欲望するものそのもので、精神の輪郭は言葉やマナーや性行動と同じく、衣服のスタイルを借りて肉体の表面に描かれる、と心理学者たちはいう。心理学の見地からすると、ファッションとは一種の露出症だ。からだを隠しかつ他人との違いを強調することから、自分をみせびらかしたいがまた慎み深さも示したいという相反する欲求が、絶えざる葛藤を生み出しているのである。

商品に経済的価値だけでなく、心理的・性的な性質をも与えることによって、実はある文化に固有なはずの実践や行動規範を、自然で所与なものとして偽装することができる。経済活動、社会道徳や性のモラル、美意識や心理をつくり出すファッションのさまざまな影響力を鑑みると、どんなファッション研究も、この複雑で矛盾だらけの性質を説明する必要に迫られよう。かくして私たちは、身体装飾や衣装の歴史として、ルールなきゲームの言語や形式として、セクシュアリティの表現として、経済効果や都市経験として、ファッションを見なければならない。より俯瞰的に見ると、ファッションは国境を越えた文化的均質化であり、世界中に展開される広告やオートクチュールや大企業を動かす要因であり、ショッピングセンターや世界貿易博覧会のような巨大経済構造を支えるトリックのように思えてくる。ファッションという権力は、さまざまなレベルで公私にわたる人々の思考や行動を支配しているのだ。本書では数々の議論を見ることで、ファッションの問題、考え方とそこから得られる結論を描きだしてみたい。

第二章　ファッション論の系譜

そしてアダムとイブの眼が開かれたとき、自分たちが裸だったことに気がついた。そこでいちじくの葉を縫い合わせて、前掛けを作った。

「創世記」3・7

ファッションを論じるむずかしさ

ファッションはありふれたものとして日常生活にとけ込んでいるが、文化の問題としてはまだまだ議論されていない分野である。ありふれて見えるのは、ファッションがいたるところにあるせいだろう。どの西欧社会にもなんらかのファッションがあるので、とくに取り上げるべき問題にも見えない。流行の起源をたずねる数々の説明にも同じことがいえるようだ。この問題はあまりにも多様でとらえどころがないせいか、真正面からの説明を避け、そのかわりにあれやこれやの流行を詳しく年代順にならべるという、より簡単な企てが繰り返されてきた。よく知られている服飾史家、マックス・フォン・ベーン、ジェームズ・レーバー、クエンティン・ベルらがファッションを語るやり方がこれだ。[1] 彼らの著作はファッションの理論についてほとんど何も語っていないが、だれがなにをいつ着たのかについてはかなり詳細な記述が見られるのである。

ファッションが論じられるときは、たいていは心理的な理由と生理上の欲求とが結びつけられ、それによってファッションの起源は社会に認められたい、受け入れられたい、個性的でありたいという人間の普遍的な願望にいきつくことになる。このようにファッションを心理的かつ生理的な身体表現としてとらえると、その多様性をそれ以上説明する煩わしさから逃れることができるのだ。この理屈にしたがえば、ファッションはその形がどうであれ、自分を装飾したい、見せびらかしたいという心底からの欲望の表現となる。だが、このように心理的に説明するにしても、ファッションに関心を持つ人々の動機がじつに多様であることは認めなければなるまい。例えば、クエンティン・ベルはそのファッション論の冒頭で、流行を追う人は無思慮かだまされやすいか、あるいはその両方だという命題を掲げている。[2] なぜならおしゃれであり続けるためには、とらえどころのない目的のためにあまりに多くの時間と資金を費やすという、およそ無分別なふるまいをすることになるからだ。

いわゆる無意味な浪費をしたいなら、ほかの何よりも高価なドレスを買うことだ。快適で満たされた生活を送りながら、これほどおそろしいまでの欠乏感を体験することもないだろう。[3]

ベルの見解は合理的ではあっても見当外れであり、ファッションはその人が愚かでだまされやすい人間かどうかの目安となるという立場を代表するものだ。当時のベルを驚かせたのは、流行のドレスを着るためにすすんで身体の健康を犠牲にする人々がいることであった。その例としてあげられているのが、からだに密着する不衛生な化粧着を夜会服として着ることで、これはかつて一九世紀に上流階級の女性たちが好んだファッションである。これに対して、ベルの考えでは、流行が衣服本来の機能性を犠牲にするなら、流行の服を着ることでその人の評判が高まることなどばかげているのだ。ここでベルが立っているのは、早い時期にファッションを議論したソースティン・ヴェブレンによる『有閑階級の理論』[4]（一八九九年）の立場である。

ヴェブレン　経済と階級から見た流行現象

経済合理主義者であるヴェブレンにとって、美しさの最高の到達点は簡素で機能的であるこ

一九世紀の上流社会はコルセットなど非合理的な衣服を着用。その着つけにもかなりの時間と労力を要した。

とだ。彼には不便なもの、装飾過剰なもの、ぜいたくなものは醜悪でしかない。さらに、あるときには美しかったものが、別のときにはそう見えないというような、相対的な美の基準も彼には認めがたかった。ようするにヴェブレンにとっては、ファッションや新しい流行を追い求めることは無意味であり、そして無意味だからこそ魅力的なものなのだ。彼が一九世紀後半の有閑階級*の研究にとりくんだのも、流行を追い求め、これ見よがしに見せつけることにあくことなく熱中した当時の新興ブルジョア階級の行動を説明するためである。またヴェブレンは、流行現象をまず第一にライバル意識、階級間格差、競争、名声や社会的地位を獲得する道具として説明する一方、人間本性についての心理学的研究にも大きな比重をおく。つまりファッションはおおむね経済現象として分析されるべきだが、その一方で自分を飾りたい、おしゃれな服を着たいという非合理的な欲求から生まれてくる、とも考えたのだ。こう考えると、ある流行がじきに美的快楽をもたらさなくなるならば、その非合理性が強調されることになる。ベルも同じくこの立場に立って、「衣服は金銭的、肉体的、美的、そしてしばしば道徳的な意味でも有害だ。多くの場合は高価で、不健康で、奇妙で、不敬虔だ」[5]という。流行現象の非合理性によって、衣服は「奇怪なばかげたもの」[6]へと変わってしまう。

ヴェブレンのファッション論はその後数十年間にわたって影響力を持ち、よく「滴り理論」といわれる流行伝播説として、たえず関連文献で言及されてきた。もっとも彼自身はこの言葉を使っていないのだが。ともあれヴェブレン理論は、ファッションの経済現象としての側面を強調し、富を誇示するためのシステムとして定義する。そしてまた同時に、富と成功を見せびらかしたいという願望は、ひとより優れていることを示したいという潜在的な欲望にもとづいているとされる。ヴェブレンによれば、流行とは上流階級の人々が自分たちを下層階級と区別するためにつくったトリックなのだ。上流階級の外見や行動が模倣されるとき、つまりその流行が下層階級へと「滴り落ちていく」とき、上流階級はまた新しい美学をつくらねばならない。このようにして流行現象は異なる社会階層の間にある対抗心と競争を可視化するシステムとして理論化できる。ファッションは個人を差別化するのではなく、個人をある階級のなかに位置づけるための方法というわけだ。

ヴェブレンの分析はあきらかに工業化時代と、当時大きく変化していた階級構造が念頭におかれている。彼が焦点をあてたのは、異なる階級へと移動でき、社会的地位を変えられる社会では、人々の自己認識がどう変化するのか、という点だ。階層を上昇すると交際がひんぱんになり、これ見よがしに金を使って遊んだり、さらにこれ見よがしに無駄なことをしなければならなくなるが、それも社会での自分の存在と地位をアピールするためなのである。ファッションはうわべをとりつくろい、この新しい社会秩序の競争に勝ち残るための手段となる。ヴェブレンの理論によると、オートクチュールや毛皮、貴金属や宝石のような稀少価値の高い商品を身につける目的は、それを見せびらかすためだ。それを身につけることで、社会的な地位が上がったと他人にわからせたいのである。しかしこれらのアクセサリーの模造品が安く生産され、

大きな袖やレースの付いた襟など、一九世紀後半のブルジョア市民社会は豪華で派手な女性服を好んだ。これは内輪の集まりで着るドレス。一八九五年のハロッズ百貨店のカタログより。

下層階級の手にも届くようになると、その稀少性は失われてしまう。なぜ上流階級の人々が最初に流行をつくり出さねばならないのか、ヴェブレンは正しく認識していた。いつもまねばかりしている下層階級と自分たちを区別しなければならないがゆえに、上流階級は新しい流行をつねに生み出すようなシステムを作ったのである。

この当時おしゃれがその人の財産をはかる便利な目安と考えられたのは、そのファッションを身につけるまでにある程度の時間を要したからである。ヴェブレンは上流階級のファッションを、その生産にどれくらい時間がかかり、それを適切に身につけるのにどれだけの時間が費やされるのかという角度から分析する。たとえば帽子が財産や自由時間があることを示す尺度になるのは、その使いにくさによるのだという。屋外でかぶるためのものなのに、ほとんど雨や風から身を守る役には立たず、むしろ外界から隔絶された環境でもっとも見栄えがする。よく手入れされたヘアスタイルも自由な時間がふんだんにあることをアピールするもう一つの例だ。また重い宝石やそでに大きなひだのついた洋服を着たり、ハイヒールをはいたり、爪にエナメルを塗ることも同様である。これらは場所によってはいまだに富のシンボルだが、それも準備と着つけにおそろしく時間と手間がかかるからなのだ。

おそらく社会的地位をもっとも派手に見せびらかすやりかたは、何かをこれ見よがしに蕩尽することだろう。この行為は消費財を過剰に生産する西欧の産業社会だけの現象ではない。これ見よがしな蕩尽は、ブリティッシュ・コロンビアのクワキゥトル・インディアンやニューギニアのハーゲン山モカ族の交換儀式のような祭礼ポトラッチで観察される。ポトラッチとは儀礼としておこなわれる浪費のことである。この儀礼は、共同体にとってもっとも重要なものを贈与したり、破壊したり、危険にさらしたりするむこうみずな人間にもっとも高い社会的地位をあたえるものである。西欧社会で同じような例を探すと、新鮮な切り花や食べ物のような傷みやすいものを陳列したり、コンサート、芝居、オペラの初日などの一回限りのイベント、葬式、結婚式やペットの飼育（それも高価で取り扱いに注意を要する外国産の珍種）などがあげられるだろう。

ファッションの実用主義

ヴェブレンの流行論は社会的不平等がその中心的テーマである。彼の考えによると、ファッションは社会の中でその人の地位を明らかにするシステムということになる。流行の商品は下の連中から自分を区別し、同じランクの人々と連帯するのが目的だ。しかし、社会的ステータスとしては、ファッションは変則的で、先が読めない現象でもある。ファッションはたしかに反復的で、表面的で、浪費的かもしれないが、その力を決して軽視するべきではない。とるに足りないといわれ、軽薄さやだまされやすさなど人間の弱い面を強調するために持ち出されるとはいえ、それはまた人間に必要なものなのである。ベルはそれを実証する例として、一八世紀のチェスターフィールド卿の手紙を持ち出す。この手紙で卿は息子に、流行の服はばかげてみえる上に高価で、虚栄心のあらわれではあるが、上品な身なりをしないことはもっとばからしいことだと諭している。なぜならその服装をすることによって、秩序を遵守するというより重要な意志表示を暗にアピールできるからだ。[7]

　流行を気にする人は、世間の規則に従う人、身なりで判断されてもいいと納得している人であろう。ベルはファッションの実用的な意味をより現代風にこう表現する。「不似合いな」ネクタイ、「安っぽい」香水、「模倣品」やにせものを身につけてしまって、ぶざまな醜態をさらすくらいなら、最初からしないほうがましだ、と。どれがふさわしいのかわからなかったので適当にネクタイをつけたり、うっかりと選んでしまった場合でも、おしゃれのわかっていない奴と思われてしまうだろう。ファッション上のうっかりミスやきちんとした知識のないことは、自分自身の無意識の表出と見なされてもしかたがない。[8]この立場からすると、ファッション次第で、社会から尊敬を集めることも、道徳的な人と思われることも思いのままとなる。

　ふさわしくない服装をしたり、暗黙の服装のきまりを破ることは、心理学的に見ても無意識の自己表現と解釈できる。ともすると、ふさわしくない服装をしてしまうことで、着ている人の野心と社会的に与えられた機会との間にギャップがあることが明らかになることもある。この場合、社会秩序がかりに安定しているとすると、そのギャップによって、社会的に不利になることもあるかも知れない。それを裏返すと、衣服によって実際以上の地位をアピールすることも不可能ではないということになる。これは単純かもしれないが、一般には立派に通用している考え方なのだ。実際この見解に人気がある理由は、近代民主主義のイデオロギー、つまり社会階層は本来固定されているが上昇することはできる、という主張を裏書きするように見えるからだろう。ファッションはこのイデオロギーを擁護するのだ。たとえば次の事例を見れば、ファッションを実用的な目的に使えることがわかる。成り上がり者がその服が象徴するはずの品格を持たないのに、自分より上のランクの服を着る場合、ステータスのある商品（グッチ、シャネル、ディオール、カルティエのラベルつき）のにせものを本物と偽る場合、異性装をすることで異性になりすます場合、性別の曖昧な服を着て、男らしさ・女らしさの区分とあからさまに戯れる服を着る場合。衣服をうまく使えば、野心をかなえることもできる。それゆえに、目敏い人が社会で成り上がる効果的な道具として、ファッションの価値はますます上がっていく。

流行と身体

流行現象はさまざまなレベルに存在している。ヴェブレンは、上流階級が「下層」階級から自分たちを区別するために、たえず新しい美意識をつくり出すことから、ファッションを現実の社会に存在する権力と見なしている。同時に、ファッションは、自分を変えたい人々の抱いている想像上の自己イメージをも成立させるので、想像の世界にも存在するといえよう。ファッションはどこにでもあるというその性質から、普遍的なものと思われている。ファッションは自分を表現したり競争の中で優位をアピールしたいという心理的要求に応える一方で、地位、階級、性別など社会的な役割を演じる道具でもある。儀礼用の仮面をつけたり、傷や入れ墨を彫りこんでからだを装飾したいという衝動の中にも、ファッションは存在している。どこにでもあることによって、ファッションは文化の中に普遍性を獲得するのだ。ゲオルク・ジンメルはこの命題を追求して、ファッションを文明化の過程をはかる尺度だと定義する。[9] なぜなら、ファッションには自己の内面が映し出されるので、その進化によって、自己イメージもますます複雑になっていくからだ。二〇世紀はじめの社会理論家であるジンメルの目から見ると、入れ墨や傷を彫り込んで身体を装飾する人々にとって、皮膚や肉体が自己の表象であるように、貴金属や貴石の宝飾品を身につける人々も、それほど強烈ではないにしても巧みなやり方で、自己のアイデンティティを社会に結びつけているのだという。この違いにこそ、文化の進歩があらわれる。

人間を「装飾」するすべてのものは、肉体との間にある距離にしたがって順番に並べることができる。もっとも肉体に近い「装飾」は未開人にみられる入れ墨であろう。その反対の極に位置するのが金属や宝石の装飾で、それほど独自性はなくだれもが身につけることができる。[10]

あらゆる文化は身体イメージに大きな関心を払っているのだから、ファッションのような外見へのこだわりも自然で普遍的なものといえよう。からだに対する自己意識はさまざまな形で現れる。おしゃれな服もその一例である。そのほか、健康を維持したり身体を保護すること、外界の危険や汚れから自分を守ることなどもその例だろう。[11] また、人間のさまざまな能力を説明する生物学的モデルによると、こうした身体技法だけでなく、多くの社会的な発明をも生物学から正当化することができるという。たとえば人が立体視できるようになることで、直立して遠くを見渡し空間の奥行きを知覚できるようになったが、この立体視は生物学者にいわせると、視覚や周囲の秩序から快楽を得るという生物学的な理由から説明できるそうだ。芸術をつくり、都市景観を築きあげ、身体を装飾する歴史のすべては、周囲を美的にしたいという生理的な欲求の「自然な」表現として一つにくくられるのである。

二〇世紀はじめのファッション論の多くは、社会生物学にもとづいている。この理論は何にでもあてはまり、たとえば衣服や身体装飾がどれほど多様であろうと、物理的危険だけでなく階級間闘争やその敗北による社会的危険から身体を守るための防護服となる点において、それらはすべて同じだとさえ主張できるのだ。そう考えると、衣服、装飾のほどこされた仮面、からだを聖別する儀式は、身体や社会の同一性を守るための世界共通のしくみのように見えてくる。身長や髪型のような肉体的な特徴でさえ物理的な肉体と社会的な身体を結びつけるための記号となる。構造主義人類学者エドモンド・リーチは民族誌論文『魔法の髪』[12]の中で、儀礼においては髪の毛を管理することによって、社会的地位が決定されると論じた。たとえば断髪は儀礼において去勢を意味し、その人の社会的・性的な立場が変容することを表現する。リーチの分析によれば、髪の毛と性欲は無意識のうちにつながっているので、髪を管理する身体技法は世界のどこでも同じ解釈ができるという。このことは他の儀礼的行為にもあてはまる。いつも正確に同じではないにせよ、これらの儀礼や象徴が世界中どこにでもあるということは、身体イメージ、自己同一性、ファッションという文化様式の間には共通する関係性のあることが示唆されているのだ。

洋服の内側と外側をつなぐもの

スタイルは個人と社会の両方につながっているものだ。つまり、衣服は個人の感覚に訴えるとともに、社会的なアピールでもある。内と外をつなぐこの力によって、ファッションは見えないものをあらわにするのである。初期の精神分析学者J・C・フリューゲルは衣服を性的交渉の引喩として分析した[13]。衣服が想像力をエロティックに刺激し、外見をセクシーにするのはいうまでもないことだ。たとえば服の形、からだのいろいろな部分を強調するやり方、脱いだり着たりするしぐさなどのすべてが性的な満足感に結びついている。フリューゲルによると、ハイヒールの魅力は女性のからだのバランスを変えて官能的にすることだという。ヒールによってからだはすっと伸び、腰は斜めに突き出され、お腹はひっこむ。しかもヒールそのものは男根の象徴となる。しかしながら、フリューゲルのこの分析の弱点は、二〇世紀の女性しか見ていないことである。彼は二〇世紀以前には男性もヒールの靴を履いたことや、ハイヒールの流行には周期があることを見逃していた[14]。

ファッションが精神と身体との関係という古くからの問題を解決するのかどうかはともか

く、この関係において重要な位置を占めると考えられている。つまり、ファッションの役割は、想像力を解き放って外見についての空想をたくましくして、主体の内にある私的な領域と、慣習、規範、規則に支配される公的な領域とをつなげることにある。つまり公的な場所で、外見が個性という見えない世界を表象するわけだ。ベルは、ファッションが内と外の境界を横断できると考えている。「もし人々の倫理観や政治観や美意識と着てきた洋服とを関連づけてみるなら……、ファッションにそれが反映しているのがわかるだろう。なぜならそれは時代の精神に結びついてきたのだから」[15]。

ファッションは視覚文化であるかぎり、個人と社会が重なる場所にある。衣服はすべての価値観を視覚的に表現するものとさえ考えられている。こうした論理にもとづいて、数多くのぜいたく禁止令が制定されてきた。それらは、どんなぜいたく品やドレスを所有してよいかを厳密に決定することで、社会階層を目に見えるようにするためのものである。ぜいたく禁止令はどんな社会にもかかならず存在している。マックス・フォン・ベーンは『モードと作法』四巻本において、ノルベルト・エリアスは宮廷社会と作法の歴史研究において、ロザリンド・ウィリアムズは百貨店と消費社会の分析において、さまざまな状況下で発令されたぜいたく禁止令について詳しく解説している[16]。ぜいたく禁止令に抵触した比較的最近の事例はファリッド・チェヌーンによって報告されている[17]。それは一九四三年にロサンジェルスのズートスーツ暴動*を鎮圧するためにアメリカ海軍が投入された事件であるが、その罪状は戦時配給下に虚栄心から大切な布地を無駄にしたというものだった。明らかにオーバーサイズのズートスーツを着た者たちがたむろしている光景は、経済的難局から不遇をかこっていると不満に思っていた市民の怒りをかき立てたのである。一般に、ぜいたく禁止令はある特定の洋服や装飾品を所有したり着用することを規制するものだが、その真の狙いは、繊維や製品の輸入を制限することで国内産業を保護し、それによって既存の階級制度や特権を維持することにある。関税条約、特恵貿易措置、国際的な同盟関係のほとんどが、この保護を目的に築き上げられてきた。なんといっても、ファッションもまた金儲けの手段なのだ。GATT（関税・貿易に関する一般協定）も一連のぜいたく禁止令と見なしていいだろう。

ファッションがつくり出す視覚文化は、自分や他人の意識をいっそう外見に向かわせる。美術史研究者のアン・ホランダーが指摘するように、「たとえファッションに興味がなく、買い物に時間を割くこともなく、衣装もそれほど持たず、資金も時間もなかろうと、自分がどう見られているかはとても気になる」[18]ものだ。ホランダーの言葉をかりると、ファッションの定義は「ある瞬間に魅力的に見えるすべてのスタイルのことであり、流行とは、ある社会でだれもがそれを着ているところを見られたいスタイルのことである。そしてこの定義には、オートクチュールとともに、服装史にときどき登場するアンチ・ファッションや流行を否定することのすべてが含まれる」[19]という。

ホランダーの定義の重要性は、他人から承認されたいのであろうとそれを否定するのであろうと、スタイルやファッションにある力を認めていることである。この定義は対抗文化的実践によってファッションに逆らっていると夢想する人々にもあてはまる。ホランダーはそんなジェスチャーは思い違いにすぎないという。彼女によれば、ファッションに抵抗する人は日常生活のどんな細部にもファッションが浸透していること、その抵抗もまたファッションの別名であることを理解していないことになる。形や色だけでなく、身体の見え方さえも変えるので、ファッションはとても不安定で変化の激しい現象に思われている。しかしそれこそが、それを無視する人々でさえ、その影響圏内にひきよせてしまうファッション一流の戦略なのである。[20]

メディアによる知覚の変化とファッション

『洋服から見た世界』において、ホランダーは西洋絵画に描かれている衣装の観点から分析して、衣服の描かれ方によって正常性の基準が設定され、知覚は芸術における人体の表象によって影響を受けてきたと主張している。[21]彼女の議論によれば、西洋絵画と彫刻の規範を検討すると、これらのイメージを通して知覚がつくり出されてきたこと、その享受の仕方にも個人的な差異や社会的特権が見いだされるという。ホランダーはさらに、過去に肖像画や古典絵画が大きな影響力を持っていたように、今はフォトジャーナリズムや映画や広告がつくり出す比類のない多様な視覚文化が現代を支配していることを明らかにする。[22] テクノロジーが大量に流通させるイメージはもはやとどまるところを知らない。写真、映画やコンピューターによるイメージの技術革新は、知覚と現実との間の関係にたえず疑問を投げかける。ファッション写真を研究したロゼッタ・ブルックスとティール・トリグスはそれぞれ、かつては低く見られていた写真技術が今や日常生活に秩序と美学をもたらすイメージの源泉となっていると指摘している。[23] ホランダーはこの見解を予見していたのか、こう述べている。「事実さまざまな視覚文化の花開くこの時代ほど、ファッションの専制が強くなったことはない……いまや問題なのは、いかに社会の慣習にしたがってふさわしい洋服を着るかでも、いかに流行を身につけるかでもなく、むしろどの流行を身につけるのか、洋服を着こなすことで自分がどのルールを正しく知っているかを示すことである」[24]。

ホランダーの議論は、心理学的生理学的な前提に暗黙のうちにもとづいている。彼女は、二〇世紀後半に知覚が大きく変化したことを強調する。たとえば、現在の視覚はかつてとはまったく異なった細部や色彩をとらえており、それは新しい技術が日常に浸透している結果なのだという。「映画のクローズアップやスナップショット写真が、線画や絵画や彫刻よりも鮮明に対象を見ることを教えてくれるまで、視覚はそれほど明晰ではなかった」[25]。したがって、いまや洋服の着こなしにおいてもきわめて微妙な特徴を正確に見わける能力が育まれたのである。かつてロラン・バルトは、ファッションを視覚言語の細部によって構成される意味体系として分析したが、この議論をある部分先取りしていたのかもしれない[26]。

大量生産時代では、衣服はより多様化すると同時に他方ではより均質化していくが、その解釈はさまざまな前提にもとづくのだ。衣服はもはや階級や地位や職業の記号ではない。たしかに、「その人のアイデンティティを曖昧にする着こなしは、よく見られるゲームでさえある」[27]。ホランダーにとって、二〇世紀後半のファッションを読むのはとてもやっかいな作業だ。

布の肌ざわりや色や形のどんな些細な選択にも意味がある。フォーマルからカジュアルまでを表現するあらゆるスタイル、セックスアピールを強調するすべての方法のうちに、社会集団、グループ、イデオロギー、映画、運動、歴史、それに関連する人々が間接的に言及されている。どんなスタイルも何らかのイメージをさし示す……。スタイルへの鋭敏な感覚は、数々の選択を通してとぎすまされていく。人と違っていることはすばらしいことなのである。[28]

衣服はいまやあまりに多様なので、その意味を理解することはむつかしい、とホランダーはいう。今日では特別にデザインされたジーンズもあれば、大量生産のジーンズもあり、どちらにも人気がある。一ドルのTシャツも、五十ドルするものも売っている。これらのファッションは「生産地、社会のスタイル、性や道徳の価値観、仕事、金銭、余暇、娯楽への姿勢、とりわけ同じ服を着る他の人々」[29]のすべてをさし示すのだ。一九九四年に男性ファッションを分析したとき、ホランダーはおたがいにわかりあうための方法として外見がとても重要であると再三強調している。それによると、ビジネススーツにつねに人気があることは、ばかに見られたくないという男たちの怖れから解釈できるという。要するに、ファッションは社会における外見の重要性をますます大きくしているのである。

ファッションの芸術家たち

ホランダーは、ファッションとは感覚の鋭敏な人々から生まれ、視覚的表現力と芸術的資質のある人々がつくりだすものだ、というありふれた見解を繰り返す。いいかえると、ファッションは芸術家であるオートクチュールのデザイナーによってつくり出される。服飾デザイナーが芸術家だという着想は一九世紀なかばのフランスで発生し、その結果彼らは画家たちと同じく、独創的な天才として評価されるようになった。かくして偉大なるクチュリエたちは、商売人として以上に、顧客のわがままや世間の流れに迎合しない美学の持ち主として評価されることになる。[30]婦人服の仕立屋、紳士服の縫製者、織物業者はかつては無名で「工芸」という一段低い地位にいたが、一九世紀にはその地位が変わり「高級品の芸術家」、詩人、審美家、エレガンスの権威となったわけだ。この新しい地位を謳歌したのは男性であって、女性ではなかったことを指摘しておくべきだろう。たとえばファッションを一つの美へと高めた貢献者として記憶されているのは、男性デザイナーのシャルル・フレドリック・ウォルトである。「クチュリエたちが比類のない名声を手にしたのは、ウォルト以降のことである。彼らは詩人となったのだ」[31]。このファッション神話はそれ以来いままで続いている。

二〇世紀の服飾産業は女性たちの独壇場である。工場で服を作るのも、百貨店やブティックでそれを売るのも、買うのもほとんど女性だ。しかし企業家としてファッションの世界に君臨しているのは、シャネルのカール・ラガーフェルド、イヴ・サンローラン、ピエール・カルダン、クリスチャン・ディオールやクリストバル・バレンシアガのような男性たちである。一九世紀後半以降現在まで、女性デザイナーはたとえばジャンヌ・ランヴァン、マダム・パキャン、マドレーヌ・ヴィオネ、ソニア・リキエルなど、そんなには思い浮かばない。

ウォルト以来の一世紀にわたって、オートクチュールのデザイナーは有名人、とりわけ有名女優の服を作ることで、その名を高めてきた。[32] 服飾デザインは芸術となり、だれであろうと購入できる人に提供され、分売されるのである。ファッションはもはや、独創的なスタイルをもった上流階級の人々だけのものではない。スタイルを一般に普及させるためにもはや王や女王は必要ないのだ。といってもマーケティング戦略としては、近年のダイアナ妃やマドンナにみるように、有名人を使うことはいまだとても効果的ではある。彼ら有名人はその服のスタイル

オートクチュールの創始者といわれるシャルル・フレドリック・ウォルトによる一八七四年のデザイン。

を世間に広め、アパレルメーカーが大儲けするのに手を貸しているのだ。[33]

ファッションの陰謀

ファッションデザイナーは芸術家気質で、気分屋で、もめごとをおこし、才能はあるが高くつくと歴史的に見なされてきたが、それはまたファッションがナルシシスト、同性愛者、女性嫌悪、時に卑劣な人間の世界だという二〇世紀なかばの偏見にも結びついていく。心理学者エドモンド・バーグラーによれば、ファッションデザイナーは男性同性愛者であり、彼らが顧客（つまり女性異性愛者）にあからさまに反発するのは、男性の寵愛をめぐるライバル関係にあるからだという。ピンヒールシューズやミニスカート、ネックラインを肩下までさげたドレスなどのファッションは、女性の身体に負担をかけ無理な要求を強いるが、バーグラーにいわせると、それは男性同性愛者が女性を嘲弄し、女性が男性を求める愛情をおとろえさせる陰謀なのだそうだ。[34]

この議論には反論が多く、たとえばベルは、デザイナーは権力者でも芸術家でもないとしてこれを退けている。ベルから見ると、だれもファッションをつくり出すことなどできない。なぜなら衣服は人を社会的に位置づけるものであり、すでに階層がある社会の中でしか意味がないからである。彼はチャールズ二世の例をあげているが、それはチャールズが一六六六年に東洋風チュニックスタイルのかわりにベスト（胴着）を導入し、このスタイルの流行を阻止しようとしたケースだ。チャールズは、実用的な胴着は衣服として完璧で、ほかのスタイルは不必要だと考え、王と宮廷はこのベストを着用におよんだのだ。ところが思いもかけないことで、彼の目論見はくじけてしまうことになる。サミュエル・ピープスが一六六六年一一月二二日の日記に記したところでは、当時チャールズと戦争中のルイ十四世が従者にベストを着るように命じることで、チャールズのファッション化計画は崩壊してしまったのだそうだ。従者にチャールズ自慢のベストを着せるという采配で、ルイはどんな軍事的宣伝よりも効果的にチャールズの敗北をパロディとして演出してしまったからである。最近の例を見ると、国民を一つの型にはめた人民服も、短い間ではあったが、西側世界には政治的な意味をもつスタイルだった。

ファッション「女性嫌悪」論にはそれ以外に異議を唱えられることはあまりない。それに対して、ダイアナ・フスの議論では、現代ファッション写真は暗にある特定の視線や見方をつくり出すが、その視線は同性愛的な欲望を抑圧すると同時に、その欲望をかきたてるという。[35] フスは性的アイデンティティがどのように構成されるかを精神分析理論によって説明しながら、女性ファッション写真の一般的な特徴を分析し、そこから女性イメージと女性鑑賞者との間に確立される、フスいうところの同性愛鑑賞者の位置という鑑賞関係性によって、その女性イメージに同一化するとともにその女性を欲望するという二つの欲求が鑑賞者の中で同性愛的に融合すると論じる。ある意味で、フスはバーグラーが脅威に思ったファッションの陰謀を肯定している。バーグラーが女性をおとしめる男性同性愛者の陰謀について警鐘を鳴らしているところで、フスは思いがけない快楽を発見するのだ。

ファッションと社会の関係

ホランダーのアプローチは実利第一主義ではなく、表現形式を重視する。彼女によるとファッションは社会状況にはほとんど関係しない閉じた制度なのだ。彼女はチャールズのベストのエピソードも、政治的なジェスチャーとしてルイ十四世が衣類を何枚も重ね着したこともさして重要だとは認めないだろう(ルイ十四世は衣服を重ね着して、宮廷儀式である接見を長びかせた。接見では服を脱ぐことによって、親密な雰囲気を演出し、相手に重要人物として接しているという印象を与えるのである。ルイが衣類を脱ぐほど、会談はより重要になるというわけだ。これはその後廷臣たちによって模倣されることになる)。こうしたファッションの政治的な役割は、人間には身体を装飾したい根本的な欲求があるという前提にもとづくホランダーの歴史研究からは、説明できない。ホランダーが、なぜファッションは大産業へと発展したのか、なぜファッションはいつも変化し、たぶんよりよいスタイルへと進化していくのか、なぜクチュリエは商業芸術家と見られるのかを説明するときの根底にあるのは、この前提なのである。

ホランダーにいわせれば、外見は社会と交流する一つの方法であり、人々は外見をととのえることで地位を上っていくとか流行の先端をいくと想像して満足感を得る。しかし同時に、ファッションが現実になんの変化ももたらさない場合でも、この想像は満たされる。つまり、衣服には「年齢、性別、職業といったカテゴリーが表現されているので、あきらかに衣服は現実が変化する前に、あるいはそのかわりに変化することになる」[36]。衣服と外見は新しく獲得した社会的地位と平等をあきらかにするが、同時に「ほのめかしたり、説得したり、うそをついたりする」のだ。だから外見上の変化を解釈することはむつかしいのだ。衣服は真実を隠蔽する道具でもあるからである。衣服によって「現実の自分以外の人間になることができる。より裕福に、より高貴な生まれに、より若く、また違う性にも……そしてもちろん、もし実際は違っていても、美しくなることもできる」[37]。単純に外見におけるファッションはこれらのどれも意味しないかもしれない。ファッションの曖昧さによってある程度までその意味は隠されてしまうのである。

初期のファッションの理論家の多くは心理学と生物学をつなげて、ファッションがまるで自然な現象であるかのようにいうが、ファッションは文化に固有のものであり、歴史的にも偶発的な現象であることを見逃してはならない。ファッションを普遍的なものとして説明しようとしても、その一般化自体がその時代の文化に根ざしたものでしかない。バーグラーが精神分析の観点から、いつの時代にも共通する女性のナルシシズムと露出症のあらわれとしてファッションを定式化したのがいい例だ。また消費社会の現象としての流行の起源は、富や成功を見せびらかすこと、競争心という無意識の欲望を表現することに始まると考えられていた。外見、商品、消費行動にあらわれるファッションは、個人の潜在的な欲求と社会集団の習慣とを結びつける。なぜあるスタイルが圧倒的に広がるのか、どんな風に変化していくのかという問題は、服飾史を検討しても明らかにはならない。たとえばビジネススーツやネクタイの変遷を見ても、流行を説明することはできないのである。むしろファッションにあらわれる外見の変化を見ることによって、社会秩序に裂け目が生じ価値観が変化していくのがわかる、くらいに考えるのがいいのだろう。ファッションは、文化における視覚の優位を示し、美への欲求と社会的均質化への願望との間の抽象的な関係を物質的に表現する。ようするに、ファッションとは社会的にも心理的にも作用する多様な構造体であり、その起源についての定見はまだないのである。

第三章　衣服の意味を読むこと

近代は一つの記号であり、ファッションはその象徴である。
ジャン・ボードリヤール

ファッションは言語なのか

ファッション理論はしばしば「衣服は言語である」と主張してきた。たとえばアリソン・リユリーは、一九八〇年代はじめにこの言葉を一般に広めている。[1] その意味するところは、衣服にはなにかを明瞭に表現する力があり、外見がなにかを「語りかける」ということである。衣服には言語に基本的に必要なもの、つまり明確な語彙の体系がなく、発話や構文や対話も明らかにないのに、なぜファッションはいつも言語にたとえられるのだろうか。ましてやなにかをしゃべったり語り合ったりしないし、体系的に意味を伝えることもないというのに。言語として見ると、衣服の意味は社会にどう理解されるか一定の規則がなく、人々の反応も状況次第で変わるので予測ができない。好意的に考えて、かりに衣服に「なにかを表現する」可能性があるとしても、細かなニュアンスが伝えられるとは考えにくい。言葉は人々に話されていくうちに広がっていくが、衣服の普及はもっと限定されている。また言葉の意味はゆっくりとしか変化しないが、衣服の流行、つまりその服が広める意味はシーズンごとに変化する。[2] だから「言語としての衣服」説の肝心な点は、この比喩がいつまでも続いているのに気づくことではあっても、ファッション産業がつくり出す商品の記号体系の法則を発見することではない。

アン・ホランダーと同じく、リュリーも衣服を言語の一種と考えている。[3] リュリーにとって、洋服やアクセサリーは独自の文法、構文、語彙をもった立派な「視覚言語」なのだ。リュリーの分析はときおりパロディとも聞こえるが、衣服のもつイメージによって明確な意味や美意識がつくり出されるというものである。たとえば八〇年代前半にロナルド・レーガン大統領が好んだ赤いネクタイは、男らしさと異性愛の象徴と解釈されうる。このときただの普通のネクタイは、伝統的な性生活をアピールする記号となる。リュリーの言葉をかりると、「ネクタイもまた、とくに明るい色の場合やどこか変わっているときには性的な象徴となる」のだ。彼女の解釈では、「ネクタイを着けないカトリックの司祭は『象徴的に去勢』されて」おり、「初老のアメリカ男性がよく着けるひものネクタイや革のネクタイは、性欲のおとろえや不能をしめす」ことになるという。[4]

もし内と外が合致しているとすると、衣服は自分のことを周囲の人々にうまく知らしめるとともに、その逆に内に隠した秘密をもらすことにもなる。洋服は着る人の内面の地図となるのだ。たとえばリュリーにいわせると、「実用的なグレーのウールスーツとピンクのフリルつきシャツを着た女性はまじめで勤勉だが、その実つまらない臆病女」なのだそうだ。[5] その一方で、衣服は社会的地位の象徴でもある。リュリーはこうも主張している。

金持ちはより多くの衣服を着るものだ。男性はベストをつけるし、女性はパンスト、不必要なスカーフ、意味のない小さな肩掛けをまとっている。……海辺では、金持ちも庶民とおなじぴったりした水着を着て海に飛び込むが、ひとたび海から上がるや豪華なシルクのキモノガウンや木綿のビーチガウン、水着とお似合いのリネンシャツへと走りより、地位を回復しようとする。[6]

バルトもレヴィ＝ストロースも衣服を記号体系という隠喩において分析したが、おしゃれは構造的にうつろいやすく多義的であり、記号の意味が一義的には決まらないことは認識していた。[7] いくらリュリーが色や形、特徴、素材についての自分の解釈に自信があろうとも、これらの要因にくわえ、洋服の着方やポーズのとり方は個人によって異なるのだから衣服の意味が必ずしも固定されていないことは明らかだろう。したがってファッションを記号論的に分析しても、なにかを表現しているのは確かだが、その内容は検証できない。[8]もちろんそこにある一定の法則性を見いだすことはできる。たとえば暗めの色はフォーマル、明るい色はカジュアル、直線的な形は男性的、曲線を帯びた形は女性的といったものだ。しかしながら、こうした法則はすぐに多くの例外をかかえることになるだろう。さらに洋服のスタイルは急に一変するため、その社会的意義や価値が安定することがあまりないということも、衣服の根本的に曖昧で定義のむつかしい性質を証明しているのである。

衣服の意味は多義的である

文化人類学者マーシャル・サーリンズは構造主義の方法論によってアメリカ人の衣服体系を分析して、色（明るいか暗いか）、色調（鮮明かぼやけているか）、手ざわり（粗いかなめらかか）、方向性（垂直か水平か）、ライン（まっすぐか曲がっているか）などの要素によって社会的性別、地位、年齢、職業、ライフスタイル、人種、性的指向などの文化的な特徴が衣服の中に記号化されており、しかもそれは無意識のうちにおこなわれていると主張した。[9]この議論によると、衣服はその視覚性によって、たとえば上品か否か、開放的か否か、洗練されているか否かなどの特定の二項対立を表現できるという。それ以外の手がかりとして、嗅覚（花の香りはしとやかさを意味するとか）と触覚（ボディオイルはセクシーさをほのめかすとか）もある。こうした構造主義的分析は、ファッションの意味は固定されているという前提にもとづくものだ。

フレッド・デイヴィスはこれに対し、流行の衣服、前衛的なデザインの家具、ポピュラーソングなどすべての商品がはじめて文化の場所に登場したとき、その意味は固定されていなかったと論じている。[10] 意味するもの《シニフィアン》（ことば）と意味されるもの《シニフィエ》（もの）の結びつきは恣意的であり、外から操作することはできない。衣服はとりわけ両義的である。たとえばブラジャーは乳房を包みこみ整えるが、また胸に視線を集めることもするし、ズボンは男性器を隠すだけではなく、（ジッパーによって）それを強調することもするのだから。さらに商品の意味は嗜好性《テイスト》、社会的地位、文化資本によって、かなり解釈が異なってくる。ピエール・ブルデューがフランス社会階層の嗜好性の違いを実証的に研究して明らかにしたように、ファッションの機能とはより多くの差異化をつくり出すことにある。[11] もし記号と意味の結びつきが弱い場合は、「記号化作用（undercoding）」によって、かなり広い範囲で予測のつかない解釈が生みだされ、確実な知識などなくなってしまうだろう。この点でファッションは、うつろいやすい美的記号と同様、商品のどこまでがファッションかその範囲を変えたり、狭めたり、広げたりできるのである。

流行のスタイルとそうでないスタイルとを区別するためには、社会変化にたいする繊細かつ直観的なセンスが必要とされよう。流行のスタイルとは、まだ広く一般的に受けいれられていないスタイルを意味する。いったんみんなが受けいれてしまうと、そのスタイルはもう流行でもなんでもない。この定義は「滴り理論」の焼き直しで、すなわちファッションとは時間の経過をあらわす方法ととらえている。レーバーはこの視点から、ファッションに刻み込まれた時刻表についてこう述べている。[12]昨日のファッションは時代遅れ、十年前のファッションは見るも無惨。しかしそれより古くなると十年ごとに、おもしろいもの、趣のあるもの、魅力的なもの、ロマンティックなものへとカテゴリーが変化し、最後には(十分に古くなれば)美へと変わる、と。ファッションは、とりわけその変化という観点から見たときは、「とにかくひとめ見た人をびっくりさせたり、うっとりさせたり、怒らせたりするか、さもなければ多くの人々の感性をひきつける[13]」ような身体技法や記号操作と定義されるのだ。

ジーンズの意味論

ジーンズを例にとってみよう。ジーンズの歴史の解説はかなり多く、それ自体注目に価する。[14]ブルージーンズへのおびただしい学問的な関心が強調するのは、このファッションがどのようにして文化的に重要な意味を持つようになったか、ということである。デイヴィスによると、その歴史は一九世紀なかばのアメリカ西部に、ヨーロッパ移民モーリス・リーバイ・ストラウスがフランス、ニーム産の丈夫なインディゴ染めコットンからつくった衣料の行商を始めたときにさかのぼる（だからデニムは「ド・ニーム（ニーム産）」の英語風発音）。これと同じ衣料はイタリア、ジェノバの船員や港湾労働者が着る作業着としても知られていた。彼ら労働者たちはジェノバに由来する「ジーン」と呼ばれていたので、「ジーンズ」の名前がその衣料にもくっつくようになったのだという。[15]

ジーンズはいまや世界中ではかれているが、その理由はかなりのところジーンズが余暇、気軽さ、親しみやすさ、快適さのような西欧資本主義の魅惑的な性質を表現してきたからである。ブルージーンズは消費社会とポスト工業化社会の豊かさの時代を予告していたのだ。アメリカの文化的ヘゲモニーの一例として、ジーンズはファッションの社会学的分析のさいには、複雑で象徴的な意味をもつ衣服の力を示す代表と見なされてきた。その一方、ブルージーンズのようなファッションにはあまりに多様な意味がつみ重なっているので、結局は明確な意味を決められないのである。バルトやボードリヤールの議論では、ファッションは脱意味化（または意味の破壊）の方向へとむかっていくという。なぜならその衣服がかつてもっていたどんな意味も、普及していくうちに浸食されていくからだ。ファッションは着られるうちにその原義は弱まっていき、次第に独自の意味をおび、異質なものへと変化していく。だれもが一本のジーンズを所有しているのに、そこから個性という意味をひきだせるのはなぜか。実際これこそがファッションの役割なのである。つまりファッションは差異化による個性を約束すると同時に、均質化への圧力を増幅する。社会学者ジル・リポヴェツキーはジーンズという現象をジンメル的な個性と画一性との二項対立から分析している。彼は、「ジーンズが社会に大量に普及していることは、ファッションがつねに個性と画一性を接合することの証左と見なしてよい。個性は模倣によってのみ身につけられる」という。[16]その結果、ファッションはあらゆる人を多義的な場所、感情の曖昧な状態に置くことになる。「人々がおしゃれに装うのは、自分を社会のより低い階級から区別するためというよりは……現代風であるため、喜びのため、個性を表現するためである」[17]。

ジーンズはその普及について、子供、老人、労働者、男性・女性の幅広い消費者にアピールし、めざましい成功をおさめたファッション衣料だ。またジーンズには一般向けも高級品も、安物も高価なデザイナーものもあり、多様である。ジーンズは社会的地位の差異を記号化することで、作りはほぼ同じなのにさまざまな消費者層を作りだしてきた。だれかがおしゃれかどうかはおしゃれでない人と対比することでしかわからないといわれるが、ジーンズの場合はそれすらも判別するのはむつかしい。なぜならそれは縫い目のライン、バックポケットのラベル、店の包装のような些細な、それと感知できない記号のなかにしか見いだされないのだから。独自のラベルをつけることでジーンズはオリジナルとなる。これ見よがしなラベルはジーンズに個性を与え、また構造体が露出した建築のように、その一部として突出するのだ。

コミュニケーションの方法としてのファッション

服装は厳密には記号体系ではないにせよ、着る人のアイデンティティを伝えるコミュニケーションの方法である。ジンメルの議論によると、ドレスその他の流行の衣料によって、現代の都市生活者は画一性への社会的要請と、個性を求める内的欲望との葛藤のバランスをとることができるという。この場合ファッションは社会と自己が生み出す矛盾が外在化したものとなる。このように自己がつくり出されるという説は、言語が人間の社会化のプロセスに重要な役割をもつと考えた社会哲学者、ジョージ・ハーバート・ミードやチャールズ・S・パースの理論にしたがったものだ。彼らの主張によれば、自己は内的な対話を通じてつくり出される。服装をわれわれの内部でおこっている対話の一部としてとらえることができるのは、ファッションが個人の領域と公共の領域の二つの圏域にまたがっているからである。デイヴィスはファッションに現代的な現象としての自己がうつし出されていると分析した。「衣服を自己の視覚的表現として、また西欧の民主主義社会特有の現象として見るのは容易なことだ。なぜならそこには、アイデンティティをめぐる深い文化的な問題が刻印されているからだ[18]」。

外見と内面との密接な関係性は、ファッション論におなじみのテーマである。クエンティン・ベルの言葉をかりると、「ほとんどの人にとって衣服はあまりにもからだの一部となっているので、衣服の状態に無関心ではいられない。あたかもその生地がからだの延長であり、または精神の延長であるかのようだ[19]」ということになる。しかしファッションが個性と関係するといっても、たんに自我を反映する鏡なのではない。デイヴィスは衣服が政治的主張、国民性、性的嗜好やそれ以上のものを表現すると考えていた。

一部の学者が主張するように、衣服のただ一つの象徴的な目的が、上流と下流、よきものと悪しきもの、つまり階級や社会的地位を不当に区別し、それを押しつけることにあるならば、ファッションには「語りかける」ことがそれほど多くないことになる。たしかにそれではファッションが西欧社会にながらく生き残ってきたことを説明するには不十分だ。……衣服はより多くのことを語りかけるのだ。たとえば男性らしさや女性らしさ、若さと老い、性的含差とその誇示、仕事と遊び、政治、国民性や宗教。[20]

さらに、視覚的なメタファーとして衣服には感情をも伝える力があると見なされている。たとえばヴェブレンによると、ファッションは敵愾心や階級間の対立を表現する、なぜならこれ見よがしに金を使うことはそれ自身競争心をあからさまにしているからだという。また、フランシーヌ・ド・プラシス・グレイは、ファッションが羨望をかきたてる道具であるという主張をくり返す。[21]彼女は、ココ・シャネルが裕福な顧客をたきつけて、成り上がり者を軽蔑するジエスチャーとして安価な模造ジュエリーを身につけさせたことを例にとる。しかしいったんそれがファッションになると、本物のジュエリーを所有する人々は、銀行の貸金庫からそれを持ち出して社会的地位の重要なシンボルとして身につけ、再び社会の風潮を揶揄したのだそうだ。

こうした実例を見る限り、ファッションが人々の間にある細かな意味の交換から構成された複雑な「言語」として考えてもいいように思える。しかしそう考えると、ファッションを実際の言語と混同してしまうだろう。いいかえると、ファッションとはわかる人だけがわかる記号体系であり、その暗黙のかつ厳密な規則にしたがって一部の人々が他人を排除したり、社会的な差異を誇示したりするものなのである。たとえばファッションを使って、中流階級的な成功を下品にならずに示すときは、豊かなおしゃれを演出するべきであって、新興成金風《ヌーボーリッシュ》ではいけ

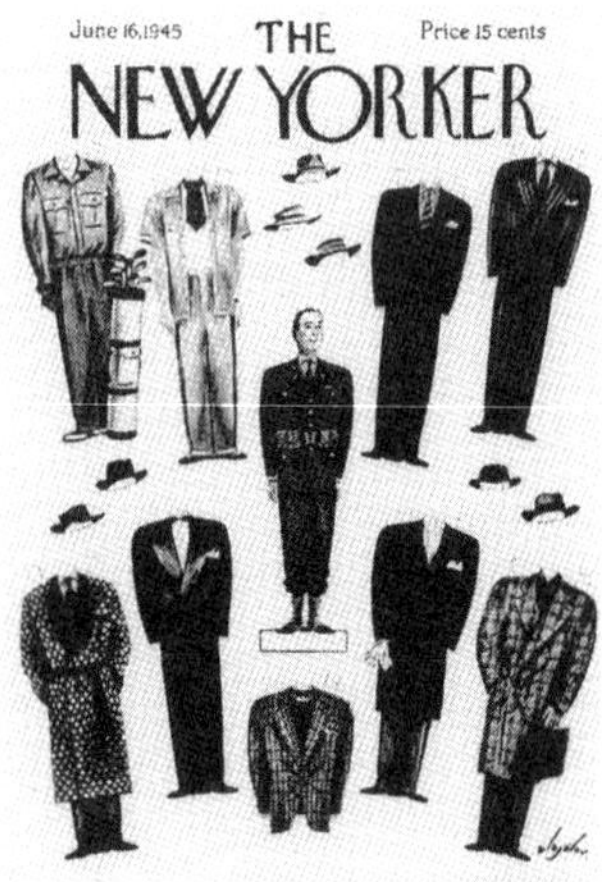

戦場では軍服だけですんだ男性のワードローブも、帰国すると自己を表現するためにさまざまな種類を必要とした。一九四五年の『ニューヨーカー』表紙より。

ない。お金があるのは当たり前という印象を与えるべきであり、派手な服装をしてはいけないのだ。アメリカでラルフ・ローレンのイメージに人気があるのは、新しい豊かさを懐古的に演出する戦略の勝利だろう。その成功の秘訣は上流階級の記号をアウトドアのライフスタイルのイメージへとおきかえたことにある。ラルフ・ローレンとポロ・ラルフの服を着れば、社会的地位があろうとなかろうと、上流階級の記号をアピールできる。ラルフ・ローレンのおしゃれ哲学は一種独特だ。つまり彼のおしゃれとは、一見それほど豊かではないかのようだが、いつでもヨットに乗ったり、ポロに興じたり、牧場で馬に乗ったり、太陽を浴びてゆったりする時間があるように見せるスタイルのことなのである。

自己を表現するファッション

ブルデューによれば、着る人の野心を的確に表現する能力としてのファッションセンスは、文化資本の一形式と定義できる。[*22] 趣味のよさとファッションセンスが社会的貨幣だと認識したとき、人々はそれなりのスタイルを身につけようとする。そのスタイルによって、粋な人は野暮ったい人から区別され、本当の自分が表面に出ないようにするためである。服装の意味が曖昧なのはだれかが意図したことでなく、それが本来多義的だからだろう。そうだからこそ、スタイルによって願望と現実との間のギャップが埋められうるのである。七〇年代や八〇年代に婦人用ビジネス服に男性的な要素をとり入れるのが流行したが、シルクのような柔らかい素材やジュエリーをアクセサリーに使うなどして女性らしく演出することで、女性はあくまで女性で、男性的権威に挑戦するわけではないというメッセージを伝えたものであった。ただビジネススタイルの服を着るだけでは、職場の男女間の緊張関係を緩和するには不十分だったのだ。結局のところ、ビジネスの世界の現実は象徴交換によっては懐柔できなかったのである。もちろん職場の関係性が変わるということもほとんどない。たとえば八〇年代は紳士服にも女性的なスタイルがとり入れられ、ソフトショルダーや柔らかい素材使いのアルマーニのスーツ、花柄のネクタイ、裏革の靴やシースルーの靴下などが好まれたが、職場での男性の権力が弱まったことがこれらに反映されていたのではなかったように。またこの男性スタイルの変化は、職場環境での男女間の不平等を改善するのに貢献したわけでもなかった。

　男女間の外見上の差異がいまなお明確なのは、普段着と盛装を具体的に比べると明らかになる。男性は女性よりも多くの場合くだけた服装をしていい。これはおもに男たちの仕事の重要性がどんな服をきるかではなく、どれだけの仕事をするかで決まるからだ。服装の決まりを意図的に外す場合（場違いな靴下をはくとか、派手なハンカチをもつとか）は、わざとそうすることで注意を集めるときに限られる。もしそう意識しないで「まちがい」をおかした場合、その意味はまったく異なるのだ。[23] うまくいくかどうかの保証はないとしても、ファッションが願望や野心をかなえる役に立つという視点はまだ有効である。

　デイヴィスもブルデューも、ファッションと自己構築における実際の変化が対応していると主張したいのはやまやまだが、現実の性別、年齢、階級の変化は、さまざまな衣服によって表現されるとはいえ、むしろ表層の変化と無関係であることを認めている。にもかかわらず、衣服は自己をうまく定義するというより、自己を想起させるために使われる表現形式なのだ。社会的地位とアイデンティティの危機のような問題は、衣服がそれを表現するまでもなく存在していたことだ。ファッションはしばしば社会状況を表現する「言語」として使われるが、必ずしもこれらの社会状況をつくり出したり、それを変化させるわけではないのである。

流行は時代の鏡なのか

クエンティン・ベルは服装の流行には鏡のように時代がうつし出されていると主張してきた。ベルによれば、階級の違いがそのまま衣服に反映され、さらに感覚や美的な判断力やものの見方は、どの階級にいてどんな生活をしているかによってかなりのところ決まってしまうという。彼の巧みな表現をかりると、ショウジョウバエが遺伝子研究ではたしたのと同じ役割を、ファッションは社会科学の研究にはたすのだそうだ。ショウジョウバエの遺伝子は変化しやすく、たえず突然変異をおこすので、その活動は激しいが、遺伝子構造の研究にとって貴重な科学的な鍵となっている。[24] おなじくファッションも、変化や例外が多いとはいえ、人間社会の特徴を解明する暗号なのだ。ファッションが言語のように見えるのは、それが恣意的につくり出されるのではなく、時代の流儀や規則に支配される倫理的状況と戦略的に連動するからである。「流行は……人々の行動を支配し、性欲を刺激し、性的妄想を彩り、歴史観をつくり上げるとともにに歪曲し、美意識に影響を及ぼすのだ」[25]。この見解は、一九世紀服飾史を研究するフィリップ・ペローなど他の学者も支持している。[26] しかしペローの立場は、近代という概念装置を通して、たとえば新しいスタイルの既製服産業の制度にどのように服従、秩序、倹約などの価値観が反映され、かつこれらの価値観が増幅されたかを検証することにあった。それに対してベルは理論化を避け、ファッションとは非合理的に選別し排除する体系と見なしたヴェブレン理論に従って、スタイルを詳細に記述するにとどまるのである。

物の文化をとおして社会を分析することは、文化人類学や歴史学のエスノグラフィー研究の常套手段である。しかしボードリヤールのようにポストモダン的過程としてのファッションをあまりに強調すると、商品文化の一部としてファッションを分析するのがむつかしくなる。そもそも衣料やスタイルは、はたしてリュリーやベルがいうように直接的に、価値観を反映したり、思想を伝えたり、野心を表現したりするのだろうか。ボードリヤールによると、ファッションは社会状況を反映するものではなく、より自由で、それ自身以外のなにものも示さないのだという。たしかにシーズン毎のファッションはいきいきとした想像力にあふれて、現在だけをたよりに過去を否定する。ボードリヤールにとって、ファッションはある特定の歴史の中の消費文化の根底にあって、無慈悲に経済やマーケットを動かす力ではない。むしろファッションは独立し自足した存在だ。「ファッションは時間を超えた貯蔵庫に蓄積された過去の死や記号を使って、新しい創造を思案する。ファッションは、まったく自由に、これまでの『現在』をつぎはぎするのだ[27]」。

ファッションが複雑かつ、驚くほど曖昧なものとして、また頭では理解できても納得するにはなお疑問の多い現象として解釈できる一つの例として、リー・ライトが解説している明らかにばからしいファッションを見てみよう[28]。それは大人向けの子どもっぽいスタイルだ。リュリーとベルなら、このファッションは二〇世紀後半における若さという脅迫観念への一つの回答と読むにちがいない。さらにこれは、ファッションとは突発的ででたらめな芸術だというボードリヤールの主張の証明ともいえよう。このスタイルはすそをウエストにとどかないほど短く切ったウールのセーター、おしりの半分しかかくさない半ズボンや短くしたジーンズ、からだにぴったりしたTシャツに代表される。このスタイルは、まるで感性は子どものままなのにからだだけが成熟したかのように、サイズのちぐはぐな印象をつくり出す。ライトが論じるところでは、服がピッタリとして小さいことは、からだの性的な特徴に注意を集めるやり方で、からだを強調することになる。このファッションは一つの「記号」として、混沌と秩序の両方をさし示している。というのも、衣服自体は既成の服と変わらないのに、なお既成のコードに挑戦するからだ。小さいが、着れないほどではない、フィットするが、適度ではない、からだを覆うが、すべては覆わない、というように[29]。ミニスカートも「本当の」サイズのスカートをミニチュアにしたものという意味で、これと同じかもしれない。もっとも、ミニの短いぴったりしたスタイルは、からだと下着を露出することで、衣服の表面的な意義を批判するのではあるが。ミニスカートは素材を無駄に浪費しないので、環境にやさしいといえるが、反フェミニズム的ともとれよう。なぜならミニはピンヒールやからだを締めつけるコルセットやクリノリンスカートのように、ある種からだの動きを拘束するからだ。ミニのように小さい衣服は身体の自由な動きを保証するが、その着用には自由を制限するようなむつかしさもあるのだ。

映画衣裳の記号学

このように流行のスタイルを解読することによって、社会の状況を知ることができるのだろうか。それともファッションは芸術の自己運動を説明する分析装置なのだろうか。つまりファッションが語りかけてくるものは、社会的背景なのだろうか、それとも（ボードリヤールが示唆するように）それ自身のことだけなのだろうか。この問題を別の角度から見てみよう。イメージが遍在しそれから逃れられないこの高度技術社会では、ファッションの意味もその表現方法によって決まってくる。映画は流行を広める強力な推進者であり、ファッションが影響をおよぼす範囲は、映画産業にとりあげられることによって大きく広がってきた。ジェーン・ゲーンズによれば、ハリウッドの古典映画の中の衣裳は、女性たちに衣服をどう着るかだけでなく、どう道徳的にふるまうかを教育する物語装置として機能してきたという。[30] 衣服が物語の直接のテーマになることはないとはいえ、「性別にかかわらず登場人物はすべて映画の中で『衣裳をつけている』だけだとしても、女性の服装と行動は、男性以上に、人物の心理状態を反映していることが多い。もし衣裳がその女性の内面を表象するなら、スクリーンにすべてをさらされているのは、彼女自身なのだ[31]」。

映画のキャラクター作りにおいて今も重要な前提は、人の内面と外見に強い関連を設定することである。とりわけ衣裳は登場人物のキャラクターをあらわす映画的な仕掛けだといえよう。西部劇には、悪役は黒い服を、ヒーローは白い服を着るものという図式があるし、ドラマでは手袋、靴、スカーフ、ドレスからのびたうなじは、殺意や不道徳をほのめかすために使われてきた。ゲーンズの論文によると、映画創生期に脚本家志望者に渡された手引き書は、服装が筋書きと人物キャラクターを練り上げるための重要な小道具となることに注意をうながしていたという。[32] 当時はキャラクターを作るうえで人物の外見、癖や行動が観客にある種の印象や反応を喚起するための鍵であることは、いわば不文律であった。スタイルを意識的に構築することによって、観客の意見を操作できると考えられていたのである。逆にいえば、外見を見れば隠されている人物像を読みとることができたのだ。「舞台装置のように、衣裳は人物類型や物語上の展開を図像学的に読む手がかりを与えるだけではない。音がないときには、せりふのかわりをするものだった[33]」。

しかしながら、サイレント映画でも初期のトーキー映画でも、衣裳を隠喩的に使うことによって、スクリーンの人物は平板でメリハリのないキャラクターになってしまった。たとえば女優は妖婦、魅惑的な女、正直な働きもの、機転の利いた詐欺師そのままのイメージの衣裳をまとったものだ。大きな衿や膨らんだスカートのような誇張された衣裳デザインは、登場人物のキャラクターを明確に示すために用いられた。その後映画話法がより複雑になるにつれ、人物像は物語の緊張感をもりあげるために、変化にとんだ陰影のある性格を帯びるようになり、衣服もキャラクターの指標ではなくなっていく。

視覚的な影響力によって、流行品は日常生活のなかに映画的なイメージをごく自然で所与のものとして浸透させていく。豊かなライフスタイルの映画的なイメージは、社会の中での自己イメージが消費によって獲得されるという消費社会論の前提と容易に両立するのである。自己の構築とエンターテインメント産業と消費文化という三位一体は、ハリウッド映画の広告展開とともに確立された。映画はブランド品と消費中心の生活様式を喧伝するだけでなく、スターと特定のファッションを結びつけ、そのスタイルを流行させる。たとえばエリザベス・テイラーやベティ・デイヴィスの衣裳が、のちにファッション雑誌『ヴォーグ』や『セブンティーン』にとりあげられると、そこからこれら新しい女性スタイルが社会に氾濫したという。[34] ウディ・アレンの同名映画から「アニー・ホール」ルックが生まれると、ベスト、ネクタイ、ローファー、帽子や大きめサイズのパンツのような男性的なスタイルを女性たちは当然のように着たものだ。このスタイルは西欧社会の高級既製服マーケットにかなり長い間影響力を及ぼした。「アニー・ホール」ルックは女性らしさの新しい基準を提示し、ベストやネクタイなどの特権を脅威を感じさせることなく男性から奪取したのである。なぜなら男性から借用したこのスタイルが呼び起こすイメージといえば、アニー・ホールの不器用でまとまりのないキャラクターだったからだ。

衣服がつくり出すイメージがよそおい方やふるまい方を教えるこうした事例を見ると、ファッションが行動の指針を与えるという一般通念は正しいかのように見える。映画という想像の世界は日常生活の現実とはあきらかに別物だが、ファッションと男らしさ・女らしさについての美的命題を組み合わせると、そのイメージは現実に模倣されるようになる。女性のファッションと女性らしさの映画的表現との間の密接な関係によって、想像上のものと模倣されるものとがおたがいに影響し、一つにとけあう。かりにファッションが文字どおりの意味での「言語体系」ではないとしても、日常生活にあまねく行き渡っているさまざまな意味を表現することは確かなようである。

第四章　自己をつくり上げる

ファッションなど人間の外見だけの問題という一般的偏見は、
そろそろ捨てなければいけない。

ルネ・ケーニッヒ

個性・近代・流行

「個性」なるものが出現したのは近代になってからのことである。これは個性という概念が、政治や経済をはじめ社会的な再編がおこっていたこの近代という時期に規定されたからだ。西欧思想においては、主体性の概念が確立されることで、個人と歴史とを結びつける言説が誕生した。近代という名目のもとで個人主義を標榜することによって、あらゆる社会的な実践が可能になったわけだ。ファッションもこの社会的実践の一つに数えられる。というのも、人々は流行をとおしていまを生きているという手応えを感じるのだから。こうして流行は人々に考え方や生き方を教えるような社会的倫理となった。しばしば表層的と見られているが、ファッションは近代の自己意識の形成に重要な役割をはたしてきたのである。服装をみれば、その人がどれくらい変化に柔軟で、差異を認める心の持ち主かがわかるので、社会的な許容力をはかる尺度ともなる。その一方で、ファッションは商品を分類し位置づけたり、願望、快楽、空想の楽しみとたわむれることでもある。ジンメルはファッションと身体装飾にかんする初期の論文の中で、右のことに気がついていた。[1] ここで彼は、ファッションを他人からの差異化願望と、それと相反する他人との結びつきを求める画一化願望との解消できない緊張関係にもとづくと分析している。

このファッションと身体装飾にかんする論文の出発点は、ヴェブレンの有閑階級の分析、すなわち「上流階級の流行は下層階級の流行と同じではない。下層階級がまねると、上流階級はその流行を放擲してしまう」[2] ことだった。この段階では、ファッションと階級との関係は、ファッションと個性と同じくらい密接に結びついていると考えられている。しかしファッションの葛藤、つまり画一化とともに差異化を求めるという、ジンメルいうところの二重の願望を発見することによって、社会階層の問題をもっとも重視する流行の政治経済的説明ではそれほど深くまで探求できない、ということが明らかになる。ファッションとは人々の間でおこなわれる心理的なかけひきであり、多くの場合きわめて近代的な心理的特徴を表現し、公式化するものとなるのだ。

ジンメルはこの論文で、装飾という行為を分析し、自己装飾の快楽には同時に三つの側面があることを指摘する。すなわち他人から賞賛されること、他人への優越感を示すこと、そして他人から欲望されたり嫉妬されること、この三つである。[3] 外見の装飾には、見るものに快楽をもたらし、その人の立場を高める力があるのだ。「装飾の力、それがよびさます感覚的関心によって……その人格の影響圏は拡大され増幅される。装飾品をつけるとき、いわゆる人格は自分以上のものとなるのだ」[4]。

貴金属や宝石は、装飾が身体を包むときに放たれるこのオーラや力をさらに高める。ジンメルによれば、流行のアクセサリーが金属製のときは、身体も文字どおり鏡のように輝くという。

この輝きのおかげで、着用者は力の放出の渦の中心にいて、近くにいる人や見つめる視線をすべて釘付けにすることができるのだ。貴金属がはなつ閃光が他の人をまっすぐに射るとき、視線が一瞬にしてその人に届くように、宝石の社会的意味があきらかとなる。それはつまり、他人に見られることである。その結果、着用者の存在する領域の範囲が広がるのだ。この範囲によって、宝石が人々の間につくり出す距離の意味が顕著となる。「私はあなたにはないものを持っている」という意味が。[5]

ジンメルの考えでは、宝石のような装身具はより文明的なのである。もちろん、からだに直接刻み込む入れ墨や傷にくらべれば、より身体からの距離は遠い。装飾品がどんな衣服よりも外見を魅力的にするのは、たいていは高価で、自然にある形からまったく新しい形へと変えられているからである。宝石、金属、そして貴金石には硬質で、孤高で、感覚をひきつける魅力がある。そこには個性はない。その硬さ、冷たさ、不可塑性こそが独自のスタイルを作りだすのであり、その非人間性こそがエレガンスの本質だといえよう。宝石をつけるとき、まったく別の美的世界が身体にまといつくように見える。家具や家庭用品のように、宝石はそれ自体で完結しており、つける人を「なにものにもとらわれない」価値体系の一部にする。[6] 装身具をつけることで、だれもが魅力的になれるが、それは新しく獲得したこの優れた力が、装飾品の稀少性から引き出されているからにほかならない。「だから装飾品とは、その人の社会的権力と威厳を美徳の形式として可視化する手段である」とジンメルはいう。「すべての所有物は、人格の延長である。物は所有者の意志に従い、その自己を表現したり、彼ら自身を外側から理解させてくれる」[7]。

身体をつくり上げること

身体を成形すること（fashioned body）によって、おなじく自己をも成形する（fashined self）

ことになる。[*]しかしその意味するところは、自己を純粋に心理的な実体と見なすことではない。ジンメルにとって、ファッションとは心理と社会の二つの領域を横断し、まとまりのある自己同一性をつくり出すための方法なのである。おしゃれな人は、外見を使って、あれやこれやの複雑な深慮遠謀を表現するものだ。それはあるグループの正式な一員と認められたい願望の表現かもしれないし、グループの中の他の人々より優れていることかもしれない。それともグループの外の人々から注目され羨望されているという自己意識の表現かもしれない。さらにジンメルによれば、ファッションの力によって人々の考え方は拡張するのである。「装飾された身体はより多くを所有する」と彼はいう。というのも「私たちが自由に身体を装飾するとき、より多くのより高貴なものを持つことになる」からだ。それゆえ、彼の言葉をかりると、「個人が自由に身体を装飾できることはきわめて重要」なのである、なぜなら「装飾によって自己は拡大し、人格が占める領域も拡大する」からである。[8]

　成形されることで身体はより多くを語り、他人の注目を集め、より豊かな意味とスタイルでその人を包み込む。装飾された身体はより複雑な自己をうつし出し、視覚にうったえて注目を集め、見られることでさらに自己を高めるのだ。おしゃれとは、現状を支配して、自己を宣伝したいという願望から生まれる。ファッションは嫉妬をかきたてる。ジンメルによると、他人の視線を奪い取ることによって、ファッションは日常生活に権力関係をつくり出すのである。

ジンメルの考えでは、ファッションを美学や機能性から説明することはできないのである。「たとえば、パンツは太めがいいとか細身がいいとか、スカーフはカラーだ黒だというとき、ファッションは機能性をまったく考慮していない」[9]。ときにファッションは「醜悪で不快なスタイル」さえも強いるが、それもある種の権力が行使されて、正当化されているからである。だからファッションとは、個人を社会化する権力を表現しているのだ。それは個人を根源的な人間性から遠ざけ、社会の論理へとひき込むのである。

ジンメルの議論によると、社会が必要とされる理由は、個性的でありたい願望とたがいに依存する快楽、つまり模倣への欲求と差別化への欲求という相克する緊張関係が、個人の中で入り交じっているからにほかならない。ファッションはこの緊張関係を解消する手段の一つであり、それゆえジンメルにとっては進歩のしるしなのである。ジンメルの文明観とは、社会は「自然」に近いほど、習慣に支配され安定を求めるというものだ。「未開民族」が新しさを悪の象徴と見なす一方、西洋文明は「変わったもの、奇抜なもの、目立つもの、日常的規範から離れたものすべてを魅力的に感じる。そして、それらが物質的に必要かどうか正当化する必要はまったくない」[10]のである。

したがってファッションによって、知的レベルさえもはかられることになる。社会は変化によって進歩し、ファッションは変化の一つの形式であり、そしておしゃれな人はたえず自己を知的に再構築しているのだ。だから論理的にファッションには、個人の変化への適応力や許容力が反映されるだけでなく、社会の文明化のレベルと進歩への感受性も表現されるのだ。ジンメルの考えでは、社会は原始的であればあるほど変化しにくいことになる。原始社会では、変化は不安定な力が放出される現象なのである。そのため「時代が不安定であればあるほど、ファッションもより早く変化する」[11]。したがって「なぜおしゃれは本来上流階級のものなのか」[12]という問いも、変化を求める欲求から説明できるのだという。というのも、上流階級の人々は社会的立場から、たえず楽しみを求めざるをえないので、楽しみを工夫する性癖と資源を持つことになるのだからだ。上流階級が排除のために流行をつくるというヴェブレンの見解に同意する一方で、ジンメルはファッションはそもそものはじめから、忘れられるように運命づけられている、とつけ加える。流行はいったん注目を集めると、そのインパクトは弱まってしまう。人気が出ることでありふれたものになり、結果的にその破壊力も面白味も失なわれてしまうからだ。このジンメルの見解は、ロラン・バルトによるつぎの観察を先取りするものであった。「ファッションとは、過去を忘れて現在に置き換える健忘症にほかならない」[13]。バルトより五十年も前に、ジンメルは、ファッションが過去と未来の分断線の上にあって、現在という瞬間にのみ存在すると気づいていたのだ[14]。このようにファッションを見れば、文明の理想に向かってどれほどの進歩が達成されたかを知ることができる。ジンメルによるファッションの正当化は、今日の研究者たちの議論にも時々見かけられる。すなわち、外見と生活様式におけるスタイルとファッションの多様性から、現在の文化が自由で、制約も少なく、より流動的な状況を享受しているという肯定的な議論である。[15]

階層の固定された社会では、衣服の役割には曖昧なところがない、制約されたものだった。地位、階級、性別を動かしがたい人間の属性と見なした封建社会を想起するとよい。しかし現代の欧米社会には、秩序を可視化する固定的な階層制度はもはや存在しないので、衣服を見てもその人の地位はわからない。いまやファッションは、人をあざむく手段となったのだ。それは人々を固定的な社会秩序におくかわりに、社会の中でさまざまな存在になりたいという欲求を実現してくれるのである。

西欧近代におけるファッションの役割

ジンメルの主張によると、西欧社会ではだれもファッションから逃れられない。ファッションの誘惑にのらないと主張する人でさえも、それにからめ取られているのだ。なぜならばファッションは現代人の感性に入り込んでいるのだから。「ファッションをわざと無視する人は、しゃれ者がそれにとらわれているのと同様、その形式を受け入れていることになる。彼はただそれを別のやり方で表現しているにすぎない。一方はそれを誇張し、他方はそれを否定しているのだ[16]」。ここでの「しゃれ者」とはファッションをつねに意識している人のことである。この文章ではおしゃれな人をさすのに男性代名詞である「彼」を用いるが、興味深いことに、ジンメルは女性こそが「より強く流行を求める」と論じている[17]。というのも、女性は歴史的に男性に支配されてきたので、個性を主張するような愚行を避けることを知っているからなのだそうだ。女性はもともと知性や感情に外界からの影響を受けにくく、この感性の鈍さを代償するために変化する流行により強くひかれる、とジンメルは考えた。この議論を別の角度から見ると、男性は本来影響をうけやすく移り気なので、女性とは反対にファッションにはあまりひかれないし、身につけることもないということになる[18]。

ここでジンメルはファッションの遊び心を、結局は社会性の中に位置づけている。彼の考えでは、「ファッションとは、人間のすべての矛盾する心理的性質をなんらかの形で表現する複雑な構造物」ということになる。「なぜある階級や人々がたえざる変化を求めるかというと、人よりも早く変化することが利益になるからだ。人々は流行に自分たちの精神と同じような変化を見いだす[19]」。この結果ファッションは社会経験に必要不可欠なものになる。人々が社会的に存在する限り、ファッションと関係せざるをえない。また、ファッションの大きな魅力は、自分をどう認識するのかという問いに答えてくれることである。すなわち「ファッションは、その内的構造を通して、個性が発現するように働きかける。それはつねにその人にふさわしく見えるものだ」[20]。ファッションは個人を考える必要性から解放し、紋切り型や慣習によって守ってくれる。だからファッションのおかげで、人は苦しく反省したり孤立感に苛まれなくともすむことになる。もし自分だけだとしたら、反発をよびおこすようなふるまいでも、ファッションの力をかりればできるのだ。

大衆の一員として人はさまざまな行動をする。しかしそのなかには一人だけでするようにいわれたら、大いに反発するにちがいないふるまいもある。この上なく奇妙な社会心理現象の一例は、もし個人的に見せられれば、謙遜するどころではなく、怒って拒否するようなものも流行としてなら受け入れられてしまうことだ。こうした現象は集団行動の特徴なのである。流行の専制の下なら、人々はそれを受け入れる。集団行動の表現であるゆえ、流行にかかわるとき羞恥心はなくなるが、それは暴徒から責任感がなくなるようなものだ。暴動に加わった者たちももし自分一人だけだったなら、暴力からしり込みしていただろう[21]。

こうした議論ではまず、ファッションが画一性、社会への従順さ、集団的な変化にかかわるという主張からはじまる。この論理でいくと一番おしゃれな人は一番保守的な人ということになる。受容されることにのみこだわると、変化しなくなってしまう。ジンメルは「しゃれ者」を以下のように定義する。

しゃれ者の特徴は、ある流行現象の要素を極端なまでに追求することである。先のとがった靴がはやっていると、船首と見まがうような靴をはくし、高めの襟が大流行していると、耳に届くような襟をつける。科学の講演会が流行ならば、そこにさえ出かけていくだろう……彼は先頭にいるが、すべて同じ道でしかない……先導者は自分も煽動されていることを知っている。[22]

流行は衣服や外見に限定されない。それはまた美意識、行動様式、批評的意見において表現されるのだ。[23]ファッションによって、自然にある形式が変質して社会的な形式へと転化する。ここに明らかなのは、現代人が自由と依存という二つの相反する緊張関係にもうまく順応していることである。[24]性別のような一見すると自然なアイデンティティの区分でさえ同じである。ジンメルによれば、男らしさや女らしさは自然な現象であり、変化と安定を通して別様に表現されるものであるが、異性装のような「不自然な」スタイルも自己装飾という自然な衝動を表明する一つの形だという。「すべてのファッションが不自然だとはいえない。なぜならファッションの存在そのものが、社会にあるものとして、まったく自然だからだ。しかし逆に、すくなくともある時代には、おそろしく不自然なスタイルも、流行の刻印が押されることがあることも確かだ[25]」。

自己は社会によって構成される

この見解に循環論法や矛盾があるからといって、ジンメルの議論を否定する理由にはならない。たしかにいま性的アイデンティティ、女らしさ、男らしさやファッションを、ポストモダン的視点から再検討することによって、かつてジンメルが分析した欲望の多くが再考されているところだ。パンク、ニューロマンティクス、異性装、ラスタ、ロカビリーなどのスタイル*は、七〇年代や八〇年代にその流行が早すぎて、多くの人が見逃してしまったほどだが、男らしさや女らしさの理想も衣服と同じくらい急速に変化する。しかしジンメルのメッセージは理論家とファッション好きの人々の双方にいまなお有効である。すなわち、社会的なアイデンティティも性的なアイデンティティもイデオロギーによって構築されるという議論がそれだ。キャロライン・エヴァンスとミナ・ソーントンの言葉をかりると、「ジェンダーの記号が身体から衣服へおきかえられるとき、身体は衣服によってつくり出され、望んでいるどんな役割をも果たすことができる」[26]ということになる。

エヴァンスとソーントンは、女性とファッションをテーマにした著作の中で、現代におけるおしゃれが、矛盾だらけの理想的な女性イメージの表現やスタイルが氾濫する現状とどう関係しているかを分析している。結局、このイメージの多様性からわかることは、どんな理想像もなり立たないということだ。しかしエヴァンスとソーントンによると、女性は大量に氾濫する矛盾によって無力になるのではなく、むしろこの混乱によってより自由になるのだという。彼女たちがいう「女性であるための構造的な条件としての疎外」によっても、女性は社会的地位を改善することができるのだ。だから「もしファッションが女性らしさを仮装するために使うことができるなら、路上においても記号論的な戦闘服として着ることもできるはずである」[27]。ファッションは陥穽であったり、弱者を無力にして傷つける制度である必要はない。ファッションはあらゆる可能性であるはずだ。ある時は抑圧的かもしれないが、またある時は実験的で、創造的で、楽しさに満ちている。

個人的な喜びや快楽を追求することが日々の関心事になるとき、ファッションは現代人の生活に重要な位置を占めるだろう。こう考え方を変えると、ファッションはたんなる新奇性や多様性から、興奮にあふれたものへと高められる。つまり、ファッションは美意識や道徳の構造に影響するだけでなく、時代の嗜好性《テイスト》や行動をも変化させるのである。リポヴェツキーの議論によると、高級文化と大衆文化との間のバランスに変化がおきるとき、ファッションは思考様式に影響をおよぼすようになるそうだ。[28] 歴史的な事情によって異なるが、宗教や封建制が作り上げた大げさな価値観への反感がおこると、日常生活の快楽主義が志向されることとなる。

その時、個人の快楽が栄光に優先され、愉快さや優雅さが壮麗さに、誘惑が崇高な感動に、官能が仰々しい威厳に、装飾が象徴にとってかわる。現代のファッションへの熱狂は、数々の壮麗なるものの価値を切り下げ、人間や世俗の関心を高く評価することから生まれてきた。[29]

広告と雑誌の影響力

しかしながら新しい流行や行動ならなんでも受け入れられると決まっているわけではない。ただ既存のマーケットにスタイルと趣味性を放り込めばすむ問題ではないのだ。どんな新しいスタイルもすぐに浸透する嗜好性や思想の真空状態でもなければ、事態はそれほど簡単に進まないだろう。芸術であれ建築や洋服であれ、新しい形式の美しさを取り入れるためには、思想の変化だけでは十分ではない。新しいスタイルが普及するにはファッション産業のシステム、つまり製造技術、量産体制、コスト管理、流通や広告などの過程が必要となる。もしこの過程に不都合があれば、そのファッション商品は市場には出ないだろう。おなじく今日のスタイルに重要なことは、ポップスター、映画俳優や社交界の話題の人々によって着られるかどうかにある。この状況は一九世紀以前の一般状況とそれほど違っていない。かつては高い階級の人々が着れば、流行は容易に浸透したものである。

　このような現実的な事情は別にしても、ファッションが普及するには概念や心理上の転換を必要とする。それによってはじめて、思いつきと現実との壁が取り除かれることになる。現代の広告は、どのように快楽をもとめ享受するかを、権威的にではなく教えることで、流行が広まるのに重要な役割を果たしてきた。しかしながら、広告によって多様な嗜好性が画一化されたり、判断力や洞察力の働きが阻害されることはない。リポヴェツキーも指摘するように、「広告はあらゆる欲望をかき立てる手助け」をし、「広い範囲にファッションへの欲望をひきおこす」からだ。欲望は「ファッションのごとく構造化されている」[30]。いいかえると、広告は日常生活の実践を不安定にして、新しく再創造する。そうすることで、広告は「欲望をかき立て」、秩序の拘束をときほぐすのである。

広告はイメージを見る快楽、おしゃれなもの、新しいもの、わけのわからないものと遭遇する喜びを与えてくれる。またそれは人々を商品へと向かわせ、その売り上げを大きく伸ばす。しかし広告によって購買が保証されるわけではない[31]。広告の役割は強制することではなく、むしろただ借りてきたイメージを使って、人に気晴らししたり仮装したりするように誘いかけることなのだ。流行商品の広告も、「内的、非現実的、私的なものとしての空想と、実在するものとしての現実との対立」を解消させる役割を果たす[32]。流行のファッションにはこれら二つが混淆している。そのとき空想という私的で逃避的な領域が、社会的実践という現実の公的な領域へと侵入してくるかのようだ。

ファッション雑誌に人気が集まりより多くの人々を引きつけるようになると、変化はさらに進むようだ。これ見よがしに商品を宣伝したり、読者を新しいスタイルの終わりなき消費へと誘ったりもするが、ファッション雑誌にはより啓蒙的な側面もある。それはイメージをつくり出して読者を啓蒙し、いろんなやり方で読者の空想と自己構築を媒介し、身体管理と新しさへの欲求を満たそうとする。リポヴェツキーもいうように、「スタイルを心理学的に分析すると、洋服を変えることによって、自分や他人の目の前で変身し、『中身を変え』て他人のように感じ、あるいは他人になるという自己愛的快楽が生まれるのだ[33]」。

歴史学者レスリー・ラビンは、服や化粧品をつけるというありふれた行為も「ファッション雑誌のイメージがからだに作用していく過程」と深く関係していると指摘する。日常生活でのこうした身体技法の一つの快楽は、性的なメッセージを伝えることである。それに加えて、象徴的な次元では服や化粧品は、身体の自己管理を儀礼化することである。すなわち、からだは作りかえのきくものになるのだ。服や化粧をつけていないからだを「自ら作りだす一つの主体」へと変えることによって、「ファッションの快楽とは、主体性があらわれる自己構築の瞬間を象徴的に再演すること」にあると理解できよう。[34]

しかしそんな快感を味わうときでさえ、理想と一致することはありえないのだから、その楽しさも半減することになる。流行の服やよく整えられたスタイルによって自分が魅力的になっていると感じるとき、しかし同時にファッション写真の完璧な理想を演じることができなかったことに気づく。完璧なイメージを体現することはできないのだ。ラビンの議論によれば、ファッション写真がいつも魅力的に感じられるのは、この挫折感ゆえである。[35]その「イメージ」はいつも私たちの手に届かないところにあり、だからこそいつまでも魅力的なのだ。ラビンが引きだした精神分析的な結論によると、ファッションが成功するのは、まとまりのある主体性を構築することによって、近代というそもそも断片的な状況を超克する可能性を示すからだという。

女らしさとファッションイメージ

この理屈からすると、ファッションに興味のある現代女性は、内省的な主体であることをより求められるだろう。現代女性はどう自分が見られているか、そして他人の目を楽しませる対象として自分をどうつくり上げていけばよいのか、よく考え知らねばならないのだ。しかしこうした議論のすべては、どこか矛盾しているといえよう。女性が自らつくり出す主体といっても、実際につくり出されているのは男性に欲望される対象という、限定的で従属的なイメージでしかないのだから。「女性が独立した存在として表現されればされるほど、男の視線を受ける対象に近づいていく。女性はファッションをまとうことで、この視線に従属し、必然的に女性を従属する性へとおとしめる権力と折り合いをつけ、その分け前にあずかるように教えられてきた[36]」。

ラビンが、六〇年代から八〇年代のファッション雑誌を分析して明らかにしたのは、女性らしさの基準が二極分化していることである。一方で、女性は自信にあふれ自由で、性的にも魅力的な個人として描かれ、服や化粧をうまく使いこなしてその美しさを誇示するイメージが与えられる。もう一方では、この二十年間にその同じファッション雑誌で、女性の社会における従属的地位や脆弱な立場が批判されてきた経緯がある。これらの雑誌には、家庭内暴力、レイプ犯罪発生率の上昇、不平等な給与体系、職場でのセクシャルハラスメント、そして女性が男性中心社会では、ただの商品でしかないことを告発する事件やエピソードをテーマにした記事がふえてきた。[37]その結果、ファッション雑誌は女性に二重化した主体性を受け入れさせる。それは男性が支配する政治・経済の領域では権力に従属せざるをえないという諦念と、しとやかで元気な女性という矛盾した幻想とを同時に与えるのだ。しかしながら、ラビンの論点はこれらのイメージに矛盾や混乱があることではなく、むしろ現代女性のおかれた社会的地位の曖昧さが、自然で所与のものに見えるようなやり方で、女性の主体性がでっちあげられていることなのだ。したがって女性たちはたんにファッションによって制度的に誘惑されているという以上に悲惨な状況にいる。理論的には、女性がこの仕組みから抜け出すことを想像することは可能だ。しかしラビンの分析では、権力とその欠如の両方の価値を女性が内面化する場合、いかなる他の立場もありえないのである。現代女性は、性的に自立した女性イメージと男性の快楽の対象としての女性イメージとの間を、ただ往ったり来たりしているにすぎないのである。

男らしさとファッションイメージ

ファッションにおける女らしさにかんして、ジェンダー観が偏向しているかもしれないが、男性の場合もその限界をこえていない。二〇世紀後半、男性の外見は第二の大きな改革にみまわれている。第一の改革はブルジョア市民革命とともにおき、男性が着飾ることをやめたことだった。男たちは自分を見せたい自己愛的な欲望をぐっとのみ込んで、貴族が着たような豪華で派手な衣裳を捨て去った。これ以降、男性服は画一化され、階級格差は隠されてしまうのである。いまや社会階層に関係なく、ある男性が公職や専門職、技術職についていれば、スーツを着ることになっている。公式の行事に参加するときも、彼は背広を着る。サヴィルロー*であつらえた背広と大量生産の吊し服との違いを見分けるには、鍛えられた批判的な観察眼が必要とされるだろう。

　質素な仕立てと単色使いの新しい男性スタイルは、都市のホワイトカラー労働者に必要な服装となり、信頼がおけて勤勉であることが評価される社会でのステータスシンボルとなってきた。他人の信用をかちとってその資本や権力を利用する者の衣装として、このスタイルは銀行家、商人、政治家に望ましい外見なのだ。しかしその画一性は欠点ともなる。なぜなら豊かさを誇示することは、自分を男らしく見せるためにいまなお重要なことだからだ。したがって男性は妻や子どもたちをだしに使って自分の成功を示すことにした。これはヴェブレンが一九世紀のブルジョア上流階級の女性たちを分析したときにいたった結論で、労働から免除されるかわりに、女性は男性世帯主のために豊かさの象徴をまとうという議論である。

精神分析が解明した心理的な働きにおいては、露出症と自己愛の欲望は克服されるのではなく、他にむけられるにすぎない。J・C・フリューゲルの分析では、男性は三つの実践を通して自分を社会的に視覚化するという。まず第一に、職業的に有能であることまたは「目立ちたがり」。第二に窃視症（またはのぞき趣味）。最後に買い物からフェティシズム、女装にいたる広い範囲での行動における、見られる対象としての女性に同一化すること。いいかえると男性たちは、自己愛、露出症、ぜいたくと装飾の快楽を女性に代償させているのだ。

身体の成形によって自己をつくり出す

女性だろうと男性だろうと、身体は公共の場ではいつも記号としての衣服に媒介される。衣服のスタイルによって、「自然な」身体がつくり出される。身体が衣服を通して想像されるならば、ファッションこそが主体性となる。カジャ・シルバーマンは、ファッションを精神分析を使って解釈し、今世紀にはいって社会的な性差はより明確になり、性別のわかれた服によって表現されるようになったことを指摘する。[38]とくに男性服は謹厳実直なスーツへと一元化され、その一方で女性のスタイルは頻繁に変化するようになり、軽薄なイメージが与えられてきた。

女性がネクタイやビジネススーツをつけて性差を越境する試みもまれにはあったとしても、シルバーマンの議論の反証となるどころか、むしろ衣服における女性イメージが多義的で折衷主義的であることを再確認するにすぎないのである。

外見の主体性を強調することで、流行を政治経済の現象としてとらえる視点が否定されるわけではない。しかしながら、この強調によって次のようなファッション理解がつけくわえられる。「衣服によって身体は可視的になり、自己の輪郭をも描き出す。したがって社会の衣服コードのどんな変化も、主体性を表現する方法になんらかの変化がおこったことを意味する」のである。[39] たとえ衣服の男性・女性のスタイルの境界がこの何十年かでなくなってきたとしても、性差そのものが隠蔽されることはない。リポヴェツキーがいうように、スタイル上での性差がかなり微妙なものとなったせいで、それに対応して「とるにたりない細部」をより細かく見ることが必要になってきただけの話である。[40] たとえば、女性のネクタイは男性のものとは素材が違うし、シャツにはより女性っぽいボタンがつけられているし、ベルトのバックルも男性用と女性用でわかれている、というように。

女性たちが公共の場所で活躍するようになると、やがて男の手下としての役割を放棄し、自己表現のためにファッションや外見を装うようになっている。むしろ既存の社会的カテゴリーの仕組みを再利用することによって、意味を新しく作り直すことさえできるのだ。それは異性装がもたらすような性差の混乱をひきおこすことはないが、性差の境界を越境して性別カテゴリーの虚構性を明らかにすることで、その崩壊をひきおこすことにもなるという。[41] スタイルによって、ある社会集団への所属を公式に声明することになるが、スタイルを自分のほしいままにするとき、それによって主体性に影響するファッションの力を行使することができる。そのときファッションは個人主義という倫理に役立つ。人々がどんな外見を選ぶか、自分が他人にどう見られたいかについて、成形された身体は、さまざまな社会的声明を主張する場所となる。身体を成形することによって、自己を成形する実践もまた可能となるのである。

第五章　ジェンダー・セックス・ショッピング

ブティックが競い合って誘い込もうとしているのは女たちだ。彼女たちは陳列された商品に幻惑され、特売品というものいつもの罠にひっかかってしまう。新しい商品が女の弱い肉体に新たな欲望をふきこむ。女たちはその強烈な誘惑にどうしてもあらがえないのだ。

エミール・ゾラ

百貨店と万引き現象

一九世紀後半、百貨店に発生するある精神病にかんする医学所見がいくつも公表された。それは百貨店で女性たちがなんの必要性も理由もないのに、見さかいなしに万引きするというものである。その最盛期の一八九六年、公式文書にはこの窃盗症という症例の発生数は年間千件にのぼるとあるが、非公式な統計ではその数は倍にふくれあがるという。[1] ある万引きが心因性のものかただの犯罪かを区別するにあたっては、百貨店が重要な役割を演じていた。なぜならこの窃盗症という病気は百貨店が引き金になると考えられていたからである。百貨店は外国からの魅力的な商品をふんだんに陳列し、方向感覚をうしなわせるようにフロアを設計し、ぜいたくな品をだれの手にも届くようにすることで、女性を道徳的に堕落するようにそそのかし、その結果彼女は思わず商品を持っていってしまうというわけだ。消費への欲望はヒステリー、低能、神経衰弱のような本来的に「女らしい」弱さと結びつけられることが多いが、また窃盗症としても噴出するとされていたのである。当時の医学診断はしばしば窃盗症と女性生理の変動期とを関連づけて説明しようとする。たとえば、年輩の女性は閉経による子宮の喪失感を埋め合わせるために、盗みを働くことになるという。[2]

女性たちは人の真似をするうちに窃盗常習者になると考えられていた。模倣が女性をおしゃれへとかりたてるのと、まさに同じ仕組みである。大きなスカートと幾重にも衣服を重ね着した当時のスタイルは、盗品をその下に隠すことができたため窃盗を助長することになった。一九世紀の小説『淑女の娯しみ』*（一八八三年）で、エミール・ゾラは、一八五〇年代はじめにアリスティド・ブシコーがパリに開いた百貨店ボンマルシェを調査して、この新しい消費空間が活動するさまを見事に描写している。[3]ゾラの創出した百貨店オ・ボヌール・デ・ダームは「現代の大聖堂」と形容される、消費社会という新宗教の総本山。この小説では、中産階級が消費にめざめた当時のエピソードや、小売の現場での買物客と店員の心理的かけひきがくわしく再現されている。

とくに百貨店において女性買物客と男性小売業者に性別が二極化され、ファッションの権力によって女性たちが不名誉な行動へと走り、窃盗症という病気へと転落していく姿は圧巻だ。百貨店のたくみな戦略に来店客は不必要な商品までほしくなり、限度以上に買い物する羽目になる。のみならずこの戦略によって、買物客は万引きする機会さえも与えられるのだ。

マイケル・ミラーは、一九世紀パリの百貨店を歴史的に分析し、客の目をくらませ混乱させるために、理性を麻痺させる環境が意図的に作り出されたと指摘する。[4] 従来の道徳的な抑制心はくつがえされ、欲望を解き放とうとする時代精神におきかえられた。窃盗症は、百貨店がぜいたく品を陳列することでうまれる道徳的混乱の象徴だったのだ。初期の百貨店では、商品の

パリに開業したボンマルシェは最初期の百貨店として有名。上部の肖像画は創業者のアリスティドとマルゲリートのブシコー夫妻。

ボンマルシェは当時の産業技術を投入して、近代消費社会の幕開けにふさわしい空間をつくり上げた。この空間で人々は商品を見るとともに、見られることをも学ぶ。

世界と主体性の構成要素とがないまぜになっていたという。レイチェル・ボゥルビーによれば、当時出現した百貨店は新しい性的秩序の場だったのである。[5] 女性と男性ではこの「女たちの寺院」から受ける影響は異なっていた。このとき、消費が女性と、金もうけが男性と結びつくことになる。近代の二大世俗欲であるセックスと金が、人間の感情を新しい形で配置する百貨店という空間の中で、入り乱れたわけだ。その結果、ゾラの作った登場人物でも、ドブーヴ夫人が窃盗症という精神病に屈服し、控えめで物静かだったマーティ夫人は消費マニアになってしまう。消費という病いは感染しやすく、その犠牲者はふえるばかりである。販売術とはじつは詐称術なのだ。商品の陳列によって、空想と現実の境界は曖昧化していく。ゾラはマネキンが現実の女性に、また女性がマネキンに似ていく光景を描いて、すべての商品が売買できるように、来店客さえもまた売り買いできる商品となることを示唆している。

マネキンの胸は大きく突き出され、その腰まわりの豊満さによりウエストはいっそう細く見えた。その頭部は取り去られ、そのかわりに首に巻かれた赤いスカーフにピンで留められた大きな値札がつけられている。さらに陳列窓内部の左右に設置された合わせ鏡にマネキンが何重にも終わりなく映し合って、通りからみると数えきれない美しい女性たちが、頭に大きな正札がつけた姿で売りにだされているかのように、たくみに演出されている。[6]

百貨店が女性の欲望のために存在していることは、博物館が男性の偉業を陳列する場所なのと似ている。そこでの女性は、男性の欲望をかきたてることを暗黙のうちに約束する商品なのだ。このようにして百貨店は消費への女性の欲望のための場所となるのである。ギリアン・スワンソンの言葉をかりると、一九世紀の女性消費者は「きらびやかさに酔いしれていた」ことになる。[7] ことによると、女性を消費へとかりたてる自己愛は公共の秩序を崩壊させたかもしれない。百貨店はそんな女性の欲望を購入可能なものへとさし向け、衝動をうまく抑制する役目をはたしたといえよう。この意味で、商品は女性のセクシュアリティを表現するものとなったのである。ものを買うことの意味は重要ではなくなり、女性という性がもう一つの商品として出現する。百貨店で女性は女性らしさを学習するが、その空間こそ買物客と従業員、つまり女性と男性の両方の観客の前で自分を演じる場所だったのである。

精神分析から見たファッション

女性という性がパフォーマンスや仮面《マスカレード》と概念化されるとき、[*]精神分析の手法はファッション、女性性、フェティシズムを一つの病理診断の中に見事にまとめあげている。レスリー・カーミは二〇世紀はじめのフランスの精神分析医の診断を引用して、女性が織物（とくに絹）に性的に執着するのは中毒症状の一種と考えられていたことを発見している。[8] 女性患者における限度のない強迫的な欲望を報告した事例研究を読むと、女性蔑視や男女間差異の不当な強調が見られる。たとえば、絹フェティシストは毛皮フェティシストよりも始末が悪い、なぜなら（女性に多い）絹フェティシストは手の甲で繊維をなでまわす感触に満足するにとどまるが、（男性に多い）毛皮フェティシストは革を手のひらでなでることに喜びを見いだし、これは毛皮をブラシで手入れする手応えとも近いと主張されているのである。男性と女性の性的反応が素材によって異なるのは些細なことだが、世紀の転換期には一方は病気、もう一方は適切で男らしいと分類されることになる。また女性性は精神分析において、いつも織物との関係が指摘されているという。カーミが疑問を感じたフロイトの一文には、その関係性がつづられている。

女性は文明の歴史に発見や発明などの貢献をほとんどしていない。しかし女性が作り出したかもしれない技術を一つあげると、編むことと織ることである。もしそうなら、この技術の背後にある無意識の動機とは何なのだろうか。ここでただちに、自然の摂理そのものがこの作業の原型だと思いいたるであろう。つまり、この作業は陰毛が生えて性器を隠すことを模倣しているのだ。[9]

女性が織物、衣服、ファッションへと引きつけられるのはペニスがないという羞恥心からで、この欠如を隠蔽し代替することが目的なのだという。だからとくにおしゃれな女性は、衣服の最高位である憧れと尊敬を集めるスーツを着ることで、普通の男性のもつ威厳に少しでも近づこうとするのだそうだ。女性がスーツを着ることは、普通の男性と少しでも同じになりたいヒステリックな行為ということになる。カーミはこの文章を再解釈して、フロイト自身の女性への恐怖心があらわれていると分析している。「フロイトが女性の肉体にかぶせた羞恥心という神秘のヴェールは、男女の身体が違うことの畏れから身を守るために、自ら織り出した薄布にほかならない」[10]。

一九世紀以前の上流階級では男性も女性と同じように着飾ったものである[11]。男女ともレース、香水、鮮やかな絹やブロケードを過剰なまでにつけていたという。男性と女性の服装が明確に区別されるのは、ブルジョア市民の出現にはじまるが、その原因として工業化や資本主義、公共の場所と個人の領域とが分割されたことに求められている。ブルジョア市民革命によってもたらされた西欧社会の経済構造の変動により、男性はよりいっそう地味な服を着るよう求められ、その衣装は一変したのである。この新しい労働倫理によって、フリューゲルのいう「男性の偉大な放棄」という男性ファッション上の転機が訪れ、一九世紀以前の支配階級を没落させた優雅で富裕で有閑な貴族性の否定がはっきりとうちだされたのである[12]。

フリューゲルの議論によると、ファッションはからだの部位が段階的に性欲に結びついていく過程とともに発展するという[*]。個人の精神に根本的な矛盾としてある、隠すことと見せることの緊張関係によって、服装の性別分化がおこるのである。フリューゲルは階級間の軋轢のような社会的文化的な要因を軽視しないわけではないが、ファッションの主要な原動力は、からだの部位の性欲化にあると主張する。この主張は文化が異なれば、足、唇、脚、耳朶、首など性欲を刺激する部分も変化するという彼自身の議論とも矛盾しないし、また同じ文化でもからだの性的価値が変化することとも両立するのだという。たとえば西洋では女性の腰、胸、脚に対して性的な関心が持たれているが、男性の場合は髪、胸、肩が性的な反応をひきおこす部位となる。初期の精神分析学者たちにしてみれば、性欲を刺激する衣服を求めることは人間の条件であり、衣服のそれぞれに性欲を感じる程度が異なるからといって、この欲求の普遍性を疑うことはできないのだ[13]。

ヴァレリー・スティールは精神分析の伝統をくんで、ファッション史を性的なものが拡大する過程として説明した[14]。それによると、外見と性的なものはつねに密接に結びついているという。ファッションは視線を操作することで間接的に性欲を刺激するが、その目的は見ることの

一九世紀男性ファッションがスーツへと一元化され、女性ファッションが地位や資産を表象するようになっていくことを、精神分析学者フリューゲルは「男性の偉大な放棄」と呼ぶ。

快楽を育み、自分の快楽のために他人のファッションを盗むように教えることなのだ。この場合、ファッションはその人にとって自己宣伝の手段となる。そこでは自分の欲望と社会的に受け入れているものとがつなぎ合わされるのである。コルセットやピンヒールなど身体拘束ファッションは、女性の社会的地位の低さと性的従属を意味するように見えるのかもしれないが、スティールの議論によれば、そのファッションも自発的に身につける以上は、いつも女性が自分から欲望の対象化を引き受ける意志があらわれているはずだという。すなわち社会に示された自己は、いつも性的な自己となるのである。

ファッションに性的な意味を読むこと

スティールはここで、ファッション産業を歴史的経済的背景から分析しようとしない。女性とファッションの関係を論じるときも、スティールは多くの女性たちがこの産業で低賃金労働者として働き、デザイナーとしては看過されてきた歴史を無視している。彼女の関心は、ファッションの美学上のあるいは性的な現象としての側面にしかないといえよう。またアン・ホランダーと同じく、スティールは衣服によって肉体が性的になると考え、肉体こそが衣服や外見に性的意味を与えるという、逆の可能性を無視してしまっている。[15]彼女によれば、衣料にはかなり特殊な性的メッセージがあるそうだ。たとえば女性の靴についてスティールは、リュリーがハンドバッグと財布を解釈したのと同じ方法（大きくて、口の開いたトートバッグは気軽なセックス、固くて、口の閉じた、ぴかぴかしたハンドバッグは管理・抑圧されたセックスを意味する）でメッセージを解読している。[16]スティールによれば、スリングバッグ靴は首と肩の露出、オックスフォード靴は性的ではない真面目な性格、足の甲のひらいた靴は胸の谷間の模倣、かかとの開いた靴は下着の露出、そしてピンヒールは倒錯したセックスへの欲望をそれぞれ意味するのだという。

しかし、衣服から特定のメッセージを読み、それを誇張するのは簡単なことである。しかもこうした議論は、人々を楽しませ、ファッションへの関心を高めるために行われている場合が多い。とはいうものの、こうした解釈は衣服の性的な性格をさらに強調し、スタイルに性的な意味づけがあることを再確認することになる。一方、フェミニストにいわせると、ファッションは社会の現実、つまり経済と政治から女性たちを疎外するための一種の陰謀となる。ファッションは女性を社会的弱者として囲いこむ装置なのだ。なぜなら、ファッションは男性には情熱も努力を要求しないのに、女性には時間と出費を強いる不公平な文化だからだ。ファッションによって、女性はますます自己犠牲を迫られ、その結果女性の参加できる社会的、文化的、知的な領域はさらに狭まることになる。しかもファッションは女性の生活の様相を、男性の生活以上に性的に意味づける。女性は細部にいたるまで外見に注意し、日常生活の悩みをさらにふやして、永遠の若さ、やせること、女らしさ、セクシーさなどの不可能な目標を強要されるのだ。ようするに、流行のファッションが女性に有害だというこうした分析は、ファッションが女性を抑圧する一つの形式と見なす資本主義社会批判からの影響を受けているのである。[17] ファッションは、家父長制社会の女性差別を再生産する支配的イデオロギーの一部というわけだ。

ジェンダーという抑圧装置

その一方で、女性ファッションが一九世紀以来かなり自由になったのも確かである。二〇世紀にパンツ、シャツ、さまざまな靴が普及して、女性たちはより自由に身体を動かすことができ、また自己表現の選択肢も増えていった。女性はむしろ男性以上に、利益を追求する社会的道具として、衣服を着るといえよう。デビッド・クンツルは、コルセットと緊縛服の社会史を論じた著作の中で、一九世紀のファッションは通常考えられているほどにあからさまに抑圧的ではなかったと主張する。[18] 彼の議論では、拘束具による身体変容は性欲を高める手段だったというのだ。緊縛が健康を破壊するというフェミニストの批判に対して、[19] クンツルは拘束したり抑圧するだけがその目的ではないと反論している。身体変容によってからだは上品に見える上に、肉体の部位を強調してその性的魅力を高めるというのである。

カジャ・シルバーマンはこの視点と同じく、視覚文化としての身体には窃視症と露出趣味の快楽を読みとれるという。洋服はかつて階級の記号だったが、いまはジェンダーの表象により深くかかわっており、とりわけ男らしさと女らしさを区分するために働く。ただし、すべての女性ファッションが、支配的な男性的視線に女性を従属させてきたわけではなかった、とシルバーマンは強調している。工業化社会以前では、優雅で豪華な衣服の役割は女性を従属的な地

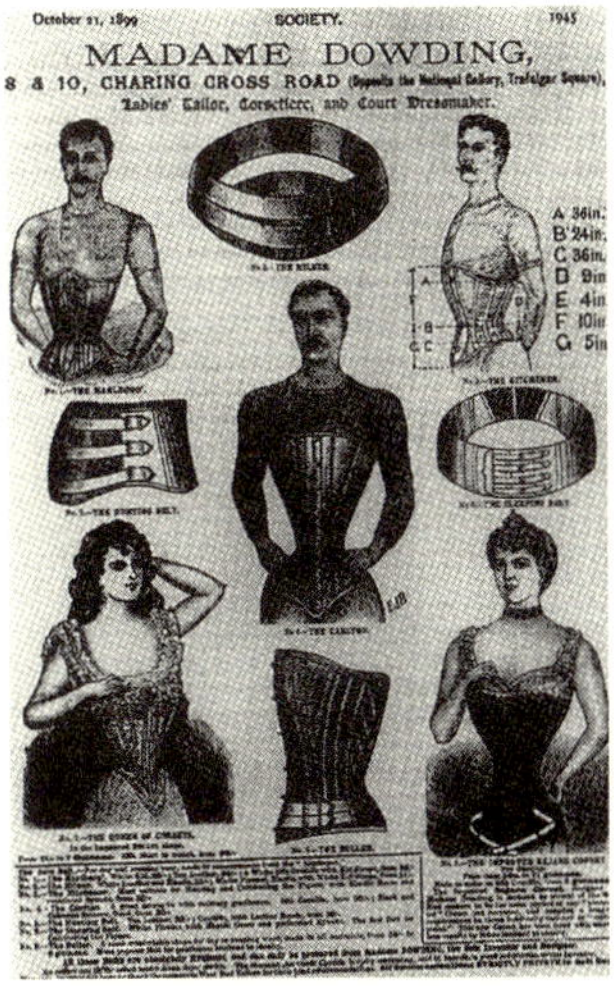

かつてコルセットは女性だけではなく、男性も身につけるものであった。一八九九年のコルセットの広告より。

位へと囲いこむことではなく、男性の存在感と階級の優位を可視化することだったのである。しかしながら、その後ファッションの意味は、富が有閑階級から資本家階級へと結びついていくことによって変化する。ヴェブレンとジンメルの議論からの影響をはっきりとは認めていないが、シルバーマンもまた、この社会変化によって女性たちは社会的従属物として、男性の資産を象徴するように位置づけられることになったのだという。女性たちが解消できない強迫観念にとらわれたファッションの奴隷へと馴致される一方で、男性たちはファッションの世界を捨て、それを金銭的に支配する側にまわったのである。[20]

リポヴェツキーも同意見だ。「男女の差異の表象は階級の表象よりもあきらかに根深い」[21]。一見すると男女の着る服はほとんど同じになっているように見える。しかし男性服が次第に質素でなくなり、女性服に男性起源のアイテムがふえているのに、ファッションにおいて性別の区別がなくなる徴候はまったくないのだ。シルバーマンの言葉をかりると「男根的硬直」ともいうべき、スタイルの固定化は根強いし、女性服はこの固定化したスタイルを使って文化支配の権力構造と対抗する方法を見つけられるのかもしれない。しかし、女性たちはいまだこの構造を転倒できたためしがない。ビジネススーツやタキシード、イブニングウェアを身につけても、それはただ男性服を模倣して、女性らしさと男性らしさを峻別する二元図式をファッションの上で再現し、再生産するにすぎない。「多くの女性たちが男性のスタイルに目を向け、男性たちがすくなくともある空想のレベルでは女性服を着用するようになっても、外見上の男らしさと女らしさを文化的に再定義するような差異がまた生じてくる」[22]。リポヴェツキーは次のように指摘する。

男女ともおなじようにパンツをはくが、その縫製も違えばしばしば色も違う。靴は男女であまり似ていないし、女性のシャツと男性のシャツとを見わけるのは簡単だ。水着や下着、ベルト、手帖、時計、傘の形も違う。ファッション商品はあらゆるところで、「とるにたりない」外見上の違いをつくり出しているのだ[23]。

ファッション写真とジェンダー

おしゃれは肉体を感覚的に刺激する体験である。繊維の感触によって自分だけの快感がよび起こされる。望んでいたファッションを身につけると、もう一人の自分が現れるような密やかな空想にとらわれるものだ。ファッションのイメージ、とりわけ衣服以上にファッション写真によって、アイデンティティ形成に影響を与えるほどの快楽がもたらされる。ダイアナ・フスによれば、ファッション写真の意味はあらゆるところにあることであり、なぜならそれによって文化的な自己の成形作用がおこるからだという。[24] 雑誌や広告を見ることで、多くの人々はファッション写真が召喚するイメージと同一化することになる。もし人々のアイデンティティが同一化経験によってつくり出されるならば、おびただしく流されるファッションイメージを見ることで、この世界の中で自分が何者で、どこにいるのかという自己認識が長期間にわたって影響を受けないはずがないではないか。したがって、女性異性愛者が想像上の自己イメージや他者イメージをファッション雑誌の中に見いだすとき、これらのイメージによってその女性はまるで同性愛者のようなまなざしで、他の女性を見るように馴致されることになるのだそうだ。このとき自己同一化によって予想だにしない教育がおこなわれることになる、とフスは楽しげに指摘している。

　ファッション雑誌や映画が読者や観客を異性愛者と想定している以上、この二つのメディアをとおして提供される価値観は、女性身体のイメージを性欲の対象にしていることになる。その結果女性たちは「同性愛者として」他の女性を見るよう仕向けられることになるのである。「ファッション産業とは、女性が他の女性をとがめだてなく見つめることを可能にした数少ない制度の一つである」とフスはいう。「女性たちは、他の女性のイメージをかりに所有しつつ同化する《ヴァンピリスティック》やり方ではなくとも、のぞき見るようなやり方で消費するよう仕向けられる」[*]。したがって、「女性を正面から見つめることによって、女性異性愛者もレズビアンであるかのように強要されることになる」[25]。
フスの議論によると、ファッション写真はそれを見る女性を、かつて母娘の絆をとおして経験した無意識下の同性愛の欲望を目覚めさせるような立場におくという。ファッションはもはや失われた母のしぐさ、笑顔、眼差し、手触り、匂いを再び体験させることを約束するのである。それに加えて、ファッション写真が示すイメージは、女性のからだを分断して部分的な対象、つまり唇、微笑、胸、睫毛、顔などへと還元してしまうので、女性の主体性は、これら過大評価された肉体の部分に添付されるものになるという。「ファッションのイメージが同性愛的な母子関係を再結合する（再融和する？）という約束によって、ファッション写真が女性読者をとらえてはなさない魅力、ファッション写真が与えようとする快感、さらにはふとよびおこす不快感がはじめてうまく説明されるのだ」[26]。

　ニール・スペンサーも男性ファッション誌『GQ』『エスクァイヤ』『アリーナ』のファッション写真に近年登場した男性イメージを分析して、同じことを指摘する[27]。これらのイメージは繊細で、父親の責任を進んで負担し、個人的なわだかまりをもたずに女性に譲歩できる人間としての男性像を提示している。スペンサーによると、この男性像はフェミニズムに影響されていると考える向きもあるが、その見解はまちがっているという。このファッション写真に描かれている男性たちは、女性にではなく自分自身により関心をもっているのだから。この新しい《ニュー》男性像《マン》*はその点を隠そうとはしない。「これら男性雑誌の皮肉なところは、男らしい女性への性愛を肯定し、女性読者にもそうささやきかける一方で、ホモセクシャルなファッション写真を通して、読者に実質的な同性愛者意識をもたらすことなのだ[28]」。

ジェンダー・カテゴリーへの挑戦

相手が男性か女性かを区別することは、おそらく社会生活の第一段階だろう。相手の性別が明確ではないとき、性別の特徴が外からわからないか、曖昧にしか見えないとき、その人にどうふるまっていいか判断できなくなる。社会の中で期待されている行動様式や決まりが急に通用しなくなり、その人にどう話しかけるのか、何を話すのか、どんな態度をとるのか、どう答えるのか決められなくなってしまうだろう。あらゆる社会で人々の外見は管理されているのである。異性愛を肯定するような男と女のカテゴリーは、より適切な表現に見えるものだ。男女性別の表象は今の日常生活に深く浸透しており、型どおりの表現や日常的な行動様式の中にもジェンダーが明らかに現れているのである。もしあるべきものがないとか、外見が曖昧なときは、その人とのつきあいは居心地の悪いものとなるだろう。女性が髭をはやしていたり男性にバストがあったりする場合を想起するとよい。両性具有や性別不詳を示す身体の特徴は、ただの逸脱として見過ごされるのではなく、社会的な混乱を招くのである。

マージョリー・ガーバーは異性装《トランスベスティズム》を文化現象として研究し、女性男装者がジョン・T・モロイのベストセラー、『成功するスタイル』（一九七五年）、『成功するスタイル　女性編』（一九七七年）を参照することで、男装術をどう構築していったかを解説している。[29]モロイの本は、競争の激しい企業社会で服装が出世に大きく影響すると主張するもので、多くの実例によって、出世の妨げになるスタイルなどが述べられている。たとえば「男の物まねルック」として、女性がピンストライプのスーツ、シャツ、タイ、フェルト帽をかぶると、逆に威厳がなくなってしまう場合などがそうである。これらの本では、背の低い男性が威厳あるスタイルをする方法を教授しているが、ガーバーの指摘によれば、このアドバイスは小柄な女性が男装するのに有効なヒントになったという。[30]モロイが小柄な男性にすすめるのは、少年が大人の服を着ているようにかわいらしく見えないように、伝統的なスタイルをすることだった。白いシャツ、アイヴィーリーグの伝統的なネクタイ、ウィングチップの革靴、上等なウールとカシミアのような贅沢な素材など。ところが、この伝統的スタイルは、異装者によって仮装という目的のために盗用されることになる。ファッションが外見の魅力を高めるために使われるとき、その効果のほどはほとんど保証されるというわけだ。

現代の男性はファッションにあまり関心をもたない、との不満の声がよく聞かれる。しかし英国摂政時代には、そんな意見はほとんど出なかったに違いない。なぜなら、この時代はダンディ、ボー・ブランメル*が貴族の血統ではなく、完璧なシャツや新しいスタイルを着こなすことで、政界で頭角をあらわしていたからだ。[31] しかし二〇世紀後半に目を転じると、男性が流行を意識するようになったのはまだ最近のことである。カジュアルウェア、とくにジーンズ、デッキシューズ、革ジャケット、ロゴ入りスポーツウェアなど、スーツ以外の普段着スタイルの充実を待って、男性もブティックの常連客になっていく。

いま男性のスタイルとしては、高価なアルマーニ・スーツのような男らしいイタリアンスタイル、都会のカウボーイスタイル、レトロなロカビリースタイルなどがある。社会学者シーン・ニクソンによれば、こうしたスタイルの選択の広がりは男性の自己像の広がりを意味しているという。[32] ニクソンは、男性ブティックの空間構成の分析をとおしてこの説を立証しようとする。ブティックのディスプレイがつくり出す物語によって、買物客それぞれは自分が他人からどう見られたいか再考するように誘いかけられることになる。数点しかディスプレイがない場合でも、消費者がその周到な店内陳列にそって歩くだけで、数々のライフスタイルと感性を体験できるように店内が構成されているのがわかるだろう。たとえば、古びたクリケットバット、カヌーの櫂、黒ずんだ木枠の鏡などは英国地主階級の生活感をかもし出すし、ビジネススーツ、アタッシェケース、傘やネクタイなどの装身具は、大都市のビジネスマンのイメージを呼びさます。あるいは都会のカウボーイ、カジュアルな郊外生活、野心的なエグゼクティブ、店内にはスタイルの可能性があふれかえっているのである。しかし、こうして提案されたスタイルすべてが一人の個人に向けられるのではない。これらのスタイルを成立させるだけのアイデンティティもまた存在することになる。つまり重要なことは、男らしさを表現する数々の物語が、今日ではディスプレイの中にこそあるということだ[33]。

ここでニクソンが注目しているのは、今までの男らしいスタイルの記号をより実験的に混ぜあわせ、ときには既成のスタイルのパロディをもつくり出す場合である。「オートバイブーツをトランクスやレースのボクサーショーツと一緒にはき、仕上げにタンクトップとジャケットを着る。あるいはドクマーチンのブーツとジャンパー、スパナを入れたトランクスという組み合わせ[34]」。これらは前衛的なファッション雑誌に登場するイメージだ。また、女性ファッション誌が普段着のスタイルを誇張するように、男性ファッション誌にはスーツが登場することが多い。いずれの場合もその社会的な働きは同じだ。すなわち、男女の性別の違いを誇張して表現することである。

消費社会とジェンダー

しかし歴史学者ゲイル・リーキーによれば、ジェンダーイメージの氾濫によって男女を峻別する境界線がなくなることはないという。実際には性別の区分は明確なのに、消費市場においてはジェンダーの記号がより曖昧になっていく、とリーキーは分析する。

広告産業が、消費者に既成概念の束縛から脱するよう煽動しても、現代文化においては性別のカテゴリーはしっかりと保持されている。しかしながら、男らしさと女らしさの意味、その成り立ちや結びつきは、歴史的に変形されたり転倒されたり、分断・接合されたりしてきたのだ。場合によっては百貨店の空間にくっきりと描き出されている性の意味などは、ばらばらに分断されてしまう。百貨店が明確に発信している性のメッセージは歪曲されてきたものだ。[35]

リーキーはある新しいショッピングセンターの発展を分析して、男性がファッションの購買にかかわるようになった結果、消費の社会的意味が変化したことを明らかにする。男性たちにとって、買物は退屈で面倒な仕事から、楽しい娯楽へと一変した。リーキーによれば、ある地方のショッピングセンターの開発において、その構造が性風俗センターの計画案（のぞき部屋、ストリップ、「ラブホテル」を含む）の構成に似ていたことから、買物という言葉のニュアンスが変化したという。こうした事実は、かつては女性のものといわれた消費文化が、女性を疎外して男性の味方をもするようになったことを意味するのかもしれない。「九〇年代の女性消費者は、もはや消費空間が男性文化から自分たちを守る聖域とは思えないだろう」[36]。かつて買物は女のものだったが、リーキーの議論では、今や「消費をすると同時に男らしさを示すことは矛盾でもなんでもない」[37]のである。

最近のファッション写真もまた新しい男性イメージをつくり出すのに一役買っているが、それはスタイルを目立たせるのではなく、男性の肉体美を強調し、これまで女性の特徴だった従順さと受動性を表現するようになったからである。この変化は「消費行動の変化とゲイやフェミニストの社会批評の急増によって、『ニューマン』が登場する土壌が開かれた」[38]のと関係している。男性モデルが、おそらく洗濯するためだろうが、ランドリーでジーンズを脱ぐというリーバイスの広告が主張しているのは、男性がランドリーという女性の領域を自分の快楽のために使うようになったということだ[39]。すねた表情やふくれっつら、他人から見られるという受動的姿勢によって、男性もより「野性的」（つまり感情的）というステレオタイプの女性イメージを演じることになったのである。

女性はファッションと心理的に深く結びついているといわれてきた。それは、女性の強迫観念など、まるでとるに足りないファッション商品によって十分に説明できるほどに些細なことだとでもいいたいようだ。しかし実際にはファッション写真やジャーナリズムによって、とくに二〇世紀になってから女性はファッションへの惑溺を深めていくことになる。キャシー・グリジャーズは、ファッション産業が女性たちをどう描いてきたかを研究し、この結びつきそのものに疑問を投げかける。[40] かりに二〇世紀のファッション産業の直接の顧客が女性だったとしても、女性のほうが男性よりもファッションの魅力に弱いことにはならないだろう。それにファッションと女性の関係を、経済搾取の問題としてとらえたり、女性のおかれた従属的な社会的地位によって、支配文化にたいして弱い立場にあると論じることも適切ではないのだ。グリジャーズは、ファッション、ジャーナリズム、広告産業こそが女性らしさの言説形成に深く関係しているという。これらの産業は「女性は何を求めているのか」というフロイト的問題を再考して、利益が生じるような解答を出すのである。その答は「彼女はすべてを求める」というものだ。[41] しかしグリジャーズはこれを問い直し、ファッションの制度の中で働いている欲望の仕組みは、女性に限らず年齢・性別に関係なく消費者すべてを巻き込んでいくのだという。

消費社会と自己の再構成

現在の消費社会は、女性のアイデンティティをばらばらに分断し、再構成することによって、商品の売り上げをのばし、新しい市場を開拓してきた。ファッション産業は女性を不安にかりたて、いつも新しい自分にならねばならないという無根拠な必要性に悩ませてきた。女性像は数々の相互に矛盾する形であらゆる場所に描かれている。たとえば「『新しい』女性、働く女性、スポーツウーマン、家庭的な女性、セックスに解放的で知的な女性[42]」など。この変幻自在な生き物は「耐性サングラス、とかげの手袋、ウンガロのイブニングガウン、スパイクヒール、キュロットスカート」を魅力的に着こなすのだそうだ。さらに彼女たちは考えられるあらゆる光景にたたずんでいる。

彼女は夢の中に、どこでもない場所へと通じる回廊に、ある現実の風景に、そびえ立つ摩天楼の下にいる。彼女は富豪のベッドルームや庭にあらわれ、一九世紀の優雅な郷愁の中に隠れ、廃墟の部屋に横たわる……それはフェティッシュそのもの、矛盾する人格、社会の理想、欲望の対象、欲望する主体、芸術作品、商品、母親、衣装持ち、消費者、マネキン、つまりファッションそのものだ。彼女はときに当惑し、ときに挑むように、ときにはただ退屈で人待ち顔の様子をする。[43]

女性らしさを再編集することがファッション産業の年間テーマであり、消費者には日々の関心事である。そうすることによって、商品の支配する文化が成立するのだ。それは数々の解釈が許される記号システムの中で、現実と虚構を問わず商品に文化的な意味を与える。たとえば、百貨店、ファッション雑誌が大きく取り上げ、法外な値札のついた衣料は、多くの消費者の購買力を超えているかもしれないが、消費者の人格形成にある影響をもたらすのだ。なぜなら、その商品を所有すると想像するだけでも、人はその衣料のもつ性的・社会的な力を感じることがあるからだ。だから欲望によって、手の届かない商品さえも想像の中で所有するのである。

ファッションにあるさまざまな視覚的・文化的な関係性は、それを着る人自身の社会生活の中に置き換えられる。たとえば、もともと人間性のない商品、たとえば車、衣服、化粧品でも、性別の区分が与えられ、視覚的に性差が表現されている。ほしいからといって普通の生活にかならずしも必要なものばかりではないにしても、記号の社会的な価値は、人それぞれの世界観によってかなり変化するものだ。さらにいうと、ファッション商品の記号的ディスクールはたえず変化し、それによってほかの場所や時代の意味と記憶がもたらされるのである。こうしてみると、記号そのものに文化的な意味があり、それは自我がつくりあげられていく過程に影響をおよぼすといえそうだ。したがってファッションはとるに足りないどころか、主体性を何度も再構成するのであり、アイデンティティを形成することになるのである。

グリジャーズは、ジェイムソンやボードリヤールによる分裂症的で断片化された自己の議論に同意する。ポストモダンの自我概念をより細やかに見直すことによって、現代女性には長い間、不安定な自我概念しかなかったと彼女は断言する。「平均的な女性についての一定の文化的意味が喪失していることこそ……女性の歴史なのである」[44]。現代女性はファッションジャーナリズムの中に、女性イメージの決まった形を見いだせるとは思っていない。たしかに、そんな安定したイメージはファッション写真の魅力とはまったく別のものだろう。

『ヴォーグ』を普通に読む女性は、空想とその挫折の間をゆれ動くディスクールのゲームに参加している。ファッションのディスクールは衣服だけではなく……女性の主体性をも文化的につくり上げ、分裂させるのである。[45]

女性がファッションイメージから快楽を引き出すのは、女性らしさがいつも曖昧であるからで、本当の自分がどこかほかにあると考えているからなのである。男性は結局のところ、自分が主体となって力を持つ夢などイデオロギー上の機略にすぎないと知っている。男性であれ女性であれその社会的自己が安定することは、いまや絵空事にほかならない。しかし消費社会が日夜生み出す商品を見ることによって、あふれる欲望を（たとえつかの間であろうと）満足させる対象を知ることになるのだ。

主体性と記号としての商品がどう関係するかは、あらゆる社会秩序がもつファッションのような文化的実践を見ることによって、わかってくるものだ。人間的な欲求は消費者文化とはあまり関係がないといえる。問題は、自我意識を強くもつのに必要なのはオートクチュールかストリート・スタイルかということではなく、またファッションを必要とすることが企業の利潤追求に貢献するかどうかでもない。肝心なことは、日常の社会的実践がどう営まれているかを見ることだ。ファッションは社会における交流の一つの手段であり、その役割は結局のところ文化を継続させることなのである。言説、実践、価値観を含んだファッションがらみの社会化によって、安定も終わりももたらされないからといって、ファッションが人間を搾取するとか堕落させると決まったわけではない。それよりも、ファッションの仕組みのいいところは、欲望と主体性とをはっきり表現する記号のディスクールが与えられることだ。ボードリヤールもいうように、「対象と、それへの欲望は、自分がなにが欲しいかを知らない苦しみから逃れるためにのみ、存在している」[46]のだから。

第六章　生活の美学と身体の抑圧

夢中になってファッションを見てまわって、試したり身にまとったり、新しい自分を演じたりしたあげく、まったく同じか、だいたい似たようなスタイルになっていないでしょうか……ファッションを作るのはあなたですか、それとも私ですか。

ソニア・リキエル

身体の一部になる衣服

エレーヌ・シクスーがお気に入りのイブニングジャケット、ソニア・リキエルの柔らかいウールの黒い服について書いたとき、ファッションが生活環境を秩序づけ定義する技術となることを鮮やかに描写した。[1] 優雅に輝くこの高価な服についてのシクスーの繊細な考察は、衣服をたんなる商品以上のものに高めている。すなわち、それは日常生活の全般に広がり、美意識をつくり出す感受性そのものとなっているのだ。シクスーがこのジャケットを身につけるや、彼女のからだはゴッホの描く「星月夜」のような、東洋や異国の光景へと一変する。彼女は衣服によって別のものになれるという、その変身する力に夢中になるのだ。ファッションは、ただ表面にかぶせる覆いでもからだを隠して新しい形を重ね描く仮装でもなく、むしろからだを新しいやり方で語ることで、沈黙から解放するのである。シクスーによれば、このジャケットはときにあたかも原始の神のように彼女の肉体に宿るのだという。[2]つまり、この服はその内に潜む東洋趣味と「肉体に秘められた肉体」についての古代の知恵とを結びつけるのだ。[3]シクスーにとっては、このジャケットはからだと一体化するもので、身体を保護するためのものではない。その服と「からだとの境界線はなくなり、両者がおたがいに対立することはない」のだ。[4]このときファッションは文化を表現する形式として、文学と同じく内にあるものを外在化させることになる。この服は「内部」こそ「正しい部分」と主張する。すなわち、「世界、からだ、手、洋服は一つにつながる」というわけだ。[5]

シクスーはリキエルの洋服に、自己表現の可能性を見いだした。彼女は衣服が外界との障壁となる場合も考慮するが（以下一二八〜一三二ページで見るように）、それを肯定することはできないという。彼女がいうには、「外界から身を守り、鏡のように外を映し、きらきらとまぶしく輝く服がある。また視線を奪ったりはねつける服、肉体を正しい寸法や完璧な構造に鋳造する服、身体を装飾する服もある」[6]が、彼女はこうした服を好まない。シクスーにとって、衣服は自分のからだの一部となるべきなのだから。彼女自身を表現することで、やがて衣服は彼女そのものにさえなるだろう。こうして女性の自己は外見と一つになり、両者を足し算した以上の存在となる。シクスーはからだを歴史や文化と同じレベルでとらえることで、その自明性を疑い、衣服を個人の意識や記憶や感覚の一部とすることで、ファッションを自然で所与なものに変えるのである。

肉体を再編成したり別のスタイルに変えるような衣服を着るとき、シクスーの考えでは、皮膚が繊維との間に摩擦をおこすように、緊張感や抵抗感が生まれることになる。しかし、衣服はからだに負担をかけるべきではない。シクスーもリキエルも、衣服が人のからだを再構成することに反発し、むしろからだと衣服が一つとなることで、新しい意味や、自己が成形されるように、新しい存在がつくり出されるべきだという。ソニア・リキエルは、服飾デザイナーとして、ファッションとは人間の創造性と想像力の形象化であると主張してきた。衣服の縫い目や折り目には、記憶の澱のように特別な感性が刻み込まれているのだそうだ。リキエルは、今日のファッションの急速な変化によって、人は不幸になると述べている。「ファッションが歴史のように堂々と行進し、まばゆい照明を浴びている。それはキラキラと輝き光る……ファッションは全身輝きに満ちて、勝ち誇ったように、絶叫している」[7]。しかしながら、派手に注目を集め、変化が激しいとしても、ファッションはその包みこむからだと同じように長続きするべきものなのだ。このときリキエルはシクスーと同様、内と外とを融合させ、からだとドレスが「鏡のようにおたがいを映し、浄化しあうべき」[8]と主張するのである。

リキエルが反発するのは、ファッションが不安定でたえず変化するがゆえに、とるに足りない非合理的で破壊的な現象だと見る意見である。ロラン・バルトと同様、ファッションには時間をとめる働きがあると彼女はいう。なぜならファッションデザイナーは、衣服やスタイルの中に、過去、現在、未来を圧縮するのだから[9]。バルトの議論によると、ファッションは現在という瞬間にのみ集中する手段であり、新しいファッションが誕生するまさにその時、それまでの歴史は抹消されることになる[10]。また、リキエルにとってのファッションとは、意味をつくり出すと同時にそれを分析する哲学や美学に近いのである。その役割は身体概念の虚構性をあばくとともに、それを外見や感覚から、また想像の美学から再構築することなのだ。

ユートピアのファッション

ファッションが個人と世界との間に立って、借りものの美学を映し出す現象は、文学ではかなり前から見られることである。トマス・モアは『ユートピア』(一五一六年)で、流行とは社会的平等を損ない、社会を分裂させる権力だと批判している。ファッションという「むこうみずな濫費」に歯止めをかけることのむつかしさに、彼は気づいていた。その当時のぜいたく禁止令の失敗から学んで、理想社会では競争心をあおるような流行のない衣服を発明しなければならない、とモアは主張している。彼の理想社会では、みんなほとんど同じスタイルをするべきで、性別や未婚・既婚による少しばかりの差異（もっともどんなものか特定されていない）のみが許されると規定されている。もちろん衣服は見目麗しく、動きやすくなければならないだろう。

　この現代版がウンベルト・エーコの文章「よしなしごと《ランバー》の考察」に見られるが、ここで作者は今日あまねく普及したジーンズやＴシャツのようなカジュアルウェアよりも、僧侶服のようなゆったりとした服を着ようと提案している。[11]エーコはジーンズをはくと、自分の肥満がますます気になってしまうという。ゆえに製材所《ランバー》で働くときはジーンズをピッタリとはくべきかもしれないが、知的創造の仕事をするときはかえって妨げとなると主張される。エーコは、制度としてのファッションが本来保守的で、とくに性別の区別を明確にし、消費社会による知性軽視の風潮をうながすことをユーモラスに風刺している。

　これらの例は、衣服を理想社会のための手段として、人々の意識に影響を及ぼす力を強調している。モアもエーコも、もし人々が不適当な衣服を着ていたら、完璧な社会を築くことはできないという考えだ。しかしながら、彼らは人々を抑制するにしても喜ばせるにしても、洋服をどんな美的な基準で選択するべきかは明らかにしていない。その一方、一六〇五年にフランシス・ベイコンは『ニューアトランティス』を著し、色彩豊かで、サテン、ベルベット、リネン、絹、羽毛などの贅沢な繊維でつくられ、宝石さえちりばめられた衣服を構想している。ここでの洋服は娯楽の一つであり、快楽と楽しみを与えてくれるものだ。また異性装も推賞され男女がスカートとズボンを同時にはくことができるという合併服も、個人を慣習という抑圧から逃れさせる美的快楽の形式として、提唱されているのである。[12]

一九世紀までの理想の衣服は、面白みや情緒がなく、その当時流行していたスタイルを功利主義的な欲求によってつくり直したものが多かった。ユートピア服はドレス改革運動へと進化したが、この運動のほうがまだ美意識を気にかけていたようだ。ウィリアム・モリスは『ユートピアだより』(一八九一年)の中で、登場人物の男性に中世のチュニック、女性に古代の衣裳をまとわせ、H・G・ウェルズは『現代のユートピア』(一九〇五年)で、支配階級に白いチュニックと紫色の帯をさせ、加えて女性にゆったりした派手なローブを着せている。しかしそれは、近代服飾史研究者のアイリーン・ライベロが皮肉っぽくコメントするように、「すべてウェルズがその当時のリバティ百貨店のカタログを見ながら書いているかのように」しか見えない。[13] 美意識のほとんど欠落している例をもう一つあげると、アルダス・ハックスレ

RATIONAL COSTUME.

新しい時代の女性たちは教会で男性のように帽子をとるのか、女性の慣習のとおりかぶったままなのか。女性が男性的な服装をすることに社会は強く反発した。一八九六年の『パンチ』誌より。

ーだろう。彼の『すばらしき新世界』（一九三二年）の暗黒の未来社会《ディストピア》では、服は性別に関係なくたんに階級別に色分けされているだけである。[14] いずれの場合も、ユートピア服は着るものの社会的地位の記号であり、からだを目立たせるデザインなのである。

女性の人権拡張運動の歴史においては、女性の服装に政治や道徳の立場が表現されるのは常識だ。たとえばかつて女性がパンツやブルーマーをはくことは、女性らしさを放棄し社会に反抗する明らかなしるしと見なされた。実用的なあるいは健康上の理由で着用したとしても、それはしばしば女性の分をわきまえず、犯罪的なまでに反権威的なふるまいだと非難されたのである。

ケイト・ラックはアメリカ女性解放運動の衣服のスタイルを歴史的にふり返って、ブルーマーやパンツをドレスの下にはくという決意が、野蛮な精神や急進的な社会主義者の証拠と見なされてきたことを、多くの例をあげて実証している。[15] ドレス改革運動は一九世紀初めのフェミニズム運動に重要な役割を果たしてきたが、また着実に一般大衆の敵意をもかき立て、女性服をより実践的で健康的にするための戦いは政治的な最重要課題となった。これらの背景にあるのは、女性らしさという曖昧な美学である。その美学を蹂躙したスタイルは、放恣で敵対的な行為と解釈されてきたのだ。

肉体を締めつけるコルセットを捨て、身にまとう服の数を減らして身体への負担を軽くする試みは、女らしさの新しい美学を築いていった。しかしながら一九世紀なかばには、女性がより自由に動くためにパンツをはくというドレス改革運動は、政治や社会を危険にさらす動きと見なされたものである。ラックによれば、女性がパンツをはくことによる社会騒動《モラルパニック》が女性改革運動の政治改革や経済的自立へと飛び火していったのだという。しかし「ユートピア主義の結果とされた『自由恋愛主義』が社会騒動《モラルパニック》の中心となってからは、パンツは関心の対象ではなくなった」[16]。

ファッションと身体管理

ほとんどの文化では、洋服や身体装飾のスタイルは、からだを別の形に変えるためにある。

つまり肉体を傷つけたり、鼻輪や首輪をつけたり、髪を染めたり、おしゃれな服を着たりすることは、ある美意識や社会的理想にあわせて身体を再構成することなのである。衣服が主体性の確立に関与し、からだの文化的隠喩となることによって、アイデンティティ形成の理論と身体管理とが直接結びついたのだ。フーコーは著書『監獄の誕生』において、身体を管理し馴致する制度を分析したが、その制度の一つは、からだにどんな服を着せるかを規制するものである。[17]一九世紀は、軍隊はじめ各職業に制服が課されるようになり、結婚式、葬式、公的行事のような特別な機会での衣服の一般規則が確立される時代だが、フーコーによれば、衣服を通して管理制度が身体へ支配力をおよぼしていったという。

エリザベス・ウィルソンは現代の女性囚人服を例にあげている。現在いくつかの刑務所では服役中の女性に私服を着る許可を与えているが、それはご褒美ではなく監視を強化するためなのである。単純に考えて、女性服役者が囚人服ではなく自分の服を着るとき、その個性や人格がよりはっきりと表現されるので、看守がそれぞれの女性にどう対応するかについての有用な情報になるというわけだ。[18]洋服が着る人自身の美意識を表現し、フェティシズムや性欲や管理の対象となる二〇世紀後半には、ファッションの役割は着る人の価値観を表明することになる。ウィルソンの言葉をかりると、こうなる。

衣服には……身体を装飾すると同時に、性や肉体についての価値観を表明するという特徴がある……この立場に立つことで、単純な道徳的観点から、ファッションを悪だと否定する立場から逃れることになろう。なぜなら、管理と支配を強化する道具と考えることもできるが、しかし同じく衣服に反体制的な特質もあることに気づくからだ。[19]

ウィルソンの結論では、ファッションを管理や制約と結びつける必要はないことになる。あるスタイルをすることによって、必ずしも個人の力が弱まり、貪欲な資本主義システムが増長するとはかぎらないのだ。さらにウィルソンは、消費主義文化の根本にある経済的搾取は、ただ流行を捨てることではなくならないと述べている。彼女の立場はむしろ反対で、生活美学の問題としてとらえるとき、生活環境を秩序づけ分類し、改善する方法として、ファッションにはより根本的な可能性が開かれるという。かの異端のデザイナー、ヴィヴィアン・ウエストウッドも同じ立場だ。ウエストウッドによれば、スタイルを数多くつくり出すことにはより積極的な理由がある。なぜならファッションを複数化することによって、多国籍企業の利益という以上に、個人にとってのファッションの意義が高まるからだ。

アーバスとファッション写真

写真家ダイアン・アーバスも、美意識の表現形式としてファッションの意義を認めているが、それはむしろ批判的な意味からである。アーバスは一九四〇年代後半に『グラマー』『ハーパースバザー』や『ヴォーグ』のような一流雑誌のファッション写真家として活動を開始した。もともと彼女の実家はニューヨーク五番街で豪華な毛皮やアクセサリーを販売していたので、家業によって彼女は流行と消費の世界へととび込んでいったのである。したがって富、スタイル、装飾は、彼女の華やかな世界をつくり出す当然の要素だったといえよう。流行とはあるライフスタイルを金で買うことにほかならない。流行によって、おしゃれな若者は成功する秘訣を知り、社会から認められるように変身することになる。アーバスの目からは、すべてのファッション写真はハッピーエンドを前提しているように見えた。だが、ロマンティックな恋愛が代表する明るい結末が、孤独、群衆、犯罪といった都会の危険から、遠く隔たっていることもまた事実である。[20] そのイメージだけを見ていると、おしゃれでさえあれば、ブルジョア世界への参入は保証されているかのようだ。やがて徐々にアーバスはファッション写真のメッセージに挑戦していくようになる。そのメッセージこそ、人間の欲求は所有によって満たされ、ファッションが幸福への希求を中流階級の物質的満足に結びつけるというものだった。

アーバスはファッションの美学が虚構だと決めると、この世界からさっさと出ていくことにした。上流階級やオートクチュールの計算されたイメージは、世界と人々を美しく見せることが目的であるが、それはアーバスにはむしろあるべき美しさへの裏切りと思われたのだった。最高の感性、文化資本、創造性を代表するはずのこれらイメージは、むしろ美を奇形化させているのだ。そこでアーバスは、彼女を有名にする肖像写真に取り組み、流行からほど遠いイメージで別世界の住民たちを描くことに向かっていく。余興のフリークス、裸体主義者《ヌーディスト》、双子、異性装者、小人、巨人などが被写体として選ばれた。これらの写真は世間から隠された秘密の世界を白日のもとにさらしており、アーバスの芸術的野心をよく物語っている。それは、フリークスの不気味な世界を普通の人々から隔離するのではなく、正常と奇形とがたがいに結びついているのを示すことである。

アーバスの写真は対象を等置するのが特徴である。たとえば、ある写真にはファッションスタジオでドレスを着て髪をセットしたモデルが、他の写真には屋外で同じように着飾った「フリーク」が撮影されている。両者のどこが似ていてどこが違うかを比べると、イメージが偽りへと変わる瞬間が見えてくるのだ。アーバスの写真が証明しているのは、ハイファッションの華やかな世界（そこでは商品は統一された生活様式の一部である）も、周辺生活者の独特の世界に違和感なくとけ込むことだった。この世界の住民たちはいつも、華やかな世界の商品を流用し、まったく予期しない別のものと混ぜ合わせてしまうのである。どちらの世界でも、身体は他人の欲望をひきおこすためのただの道具にすぎない。したがって、アーバスの写真からは、二重の美学を読むことができる。すなわち、一つは整えられた外見の美しさ、他方は偽りとまがい物の魅力。アーバスは、人々の目に見えている表層はすでに虚構なのだということを示した。

アーバスの肖像写真は、普通の人も変わった人も、常識を壊し覆すよう巧妙な構図に収め、その結果すべてのイメージは奇形的でありかつ自然に見える。ドレス、長手袋、翼つきサングラスのようなおしゃれな品々は、雑誌『ヴォーグ』に登場しようと、異性装芸人の楽屋にあっても同じように見える。これら装飾品の効果によって、ファッションは偽りの世界を生み出す装置だというアーバスの見解が再確認されるのだ。同じことが、浮浪者の住み処にきまり悪くおかれた流行商品の写真にもあてはまる。そんな場所にあってなお、それらの商品は、ブルジョア的生活様式を購入することで、幸福と成功が手に入れられるという不自然きわまりない約束をするのだ。こう見ると、ファッションの虚構性はもはや明らかだろう。ファッション写真の表現は人工的なスタジオでも、ファッションによって変身し、空想を現実にしたいと願う人々の家でも一緒なのである。人々の洋服やアクセサリーの選択が、無慈悲なレンズを通してありのままに、しかも不格好にとらえられるとき、人はファッションが虚構だという厳然たる事実に思いいたらずにはおれない。

アーバスの写真は、ブルジョア生活がつくり出す孤独や無気力な雰囲気を容赦なく伝える。彼女はこうした手法を使って、正常を虚構へ、異常を現実へと作りかえるのだ。衣服は着る人を守り魅力的にするのではなく、身体を管理し抑圧する教化装置となっている。おしゃれな服は、外界から守られた至福のブルジョア世界に案内するという約束を履行したためしがない。むしろファッションは本来の理想を裏切り、歪曲する。キャロル・シュロスは、アーバスの同じ服を着た一卵性三つ子の写真を以下のように分析している。[21]普通の子どもがありふれた上品な服を着ると、無垢、正常、健康などのイメージが喚起される。しかしこの同じ服をまったく同じ外見の三つ子が着ると、肉体が衣服よりも自己主張し、その不自然さによってファッションは失敗したイメージに見えてくる。衣服が彼らを常識的なイメージへと秩序化しようとしても、三重化した肉体はぴくりとも反応しない。ただおしゃれな服を着るだけでは、その服が公言するような理想の生活は実現されないし、とりわけ、この奇形的な現象がうまく解明されることもあるまい。しかし、このとき身体は、ファッションによって再構成されることに抵抗しているのではないだろうか。三つ子の同一性は、ファッションを超えた未開の領域があることをほのめかす。そこは文化が干渉できない場所なのだ。ここからわかることは、文化的意味をもつ商品の美意識が共有される一方で、身体はときに理想の美しさに押し込められるのを拒むということだ。生まれもっての肉体は、ファッションモデルもファッションに憑かれた人々も、避けることのできない強固な現実である。したがってアーバスによれば、ファッションとはからだの反抗を隠すべく考案された一種の仮面であり、覆いなのである。

消費社会におけるファッションの誘惑

ボードリヤールは、ファッションは経済現象として始まり、美意識となって終わるという。[22] アーバスと同じく、彼には消費の欲望と所有の失望とが同じものに見えたのだ。このことがよくわかる例は、とりわけニューエイジ・ファッションだろう。このスタイルこそ環境保護その他のリベラルな購買動機が、曖昧に商業資本に流れ込んだものにほかならない。リポヴェツキーが指摘するように、ファッションの誘惑は「軍事競争、日常生活の危険性、経済危機、主体の危機と共存する」のである。[23] その一方で、ボードリヤールは日常生活に美的満足を求める願望にも理解を示している。もしこの快楽がなければ、生活はきわめて単調なものになってしまうだろう。しかしアーバスもいうように、ファッションによる救済の約束ほどあてにならないものはない。ファッションとは階層化を象徴的に回復する方法だと見なすそれまでの議論から大きく離れて、ボードリヤールは、現代社会ではすべての人々が社会に利益をもたらすための消費者となるよう強いられている、と主張する。もっとも彼は、社会や政治が個人の自由や欲求をかなえるように働いていないので、人々は消費からその代償を得ようとするともいうのだが。ある人と他のだれかが同じ美的感受性をもつと仮定できないなら、幸福を買う手段として提供されうるのは、消費だけとなる。消費革命の隠された真実は、多様な商品を大量に取り揃えると、みんながそこそこに満足できるということだろう。

アパレルメーカーのベネトンは、消費に快楽、精神的充足、美的感動を求める新しい消費者心理を完全に理解している。ベネトンはファッションの消費を、新しい政治綱領として再定義し、その倫理は環境保護の願いに共感するだけでなく、反人種差別、反女性差別、国家や民族の誇りを求める地域政治にも賛同するのだ。ここでベネトンは政治的公正さと消費とを結びつけたが、それを可能にしたのは実社会の出来事と再構築された理想世界との境界線を巧妙に操作するイメージ戦略だろう。この理想世界のイメージを使って、ベネトンの「ユナイテッド・カラーズ」は強烈なグローバリズムを提唱している。[24] 意識の高い人におしゃれをさせるためには、ファッションを物質的基盤から解放して、新しい生活美学の中に描き直してやればよいということだ。

エリザベス・ウィルソンによれば、ファッションには現代人の断片化した自己像をつなぎ合わせ、矛盾の多い日常生活に意味を与える力があるという。[25] ファッションは、現代の都市生活の生み出した社会問題を想像のレベルで解消することによって、イデオロギーともなるのだ。そのときファッションはその人の道徳的姿勢となり、否定や服従を表現することができる。ある種の服を着ることによって、支配文化を批判したり、その画一性への抑圧から逃れると同時に、他の周縁の同じく批判的なグループと連帯することができるのである。つまり、主流文化から批判的に距離をとる人々も、ファッションを使って自分の立場を示すのだ。

　このようにして、ファッションという快楽体験は、個人の制約された領域から、社会へとその実践の場を移行することができる。気取って歩いたり、自己宣伝したり、快楽の追求を人々に示すことの中に、その快楽は感じられる。これらの実践のうちに、ファッションは他人に影響を与えるだけでなく、自分自身を装飾し配慮することとなる。クール、豊か、放浪者、女性、クイア*などなんでも、自分の選んだスタイルによって、自分の美意識を表現することができるのだ。ファッションを分類し再定義することは、おしゃれの中の多様な美的快楽を数え上げていくことなのである。

第七章　メッセージとしてのドレス

洋服によって人々の世界観は影響を受け、社会的な立場も変化します……私たちが服を着ているのではなく、服こそが私たちを着ているのです。多くの事実がそれを証明しているといえましょう。

ヴァージニア・ウルフ

セックスを隠す服・示す服

画家ロマーヌ・ブルックスによるユナ・トルブリッジの肖像画を見ると、彼女が紳士服に身を包んでいることに気がつく。ところが日常生活のトルブリッジは、パートナーのラドクリフ・ホールが紳士服を着たのに対して、ドレスをよく着ていたという。しかしひとりだけで肖像画に描かれるとき、彼女は自分のセクシュアリティを表現するために男性服を身につけることにしたのだった。また、ヴァイオレット・トレフシスとヴィタ・サックヴィル＝ウェストもパリで短いハネムーンを過ごしたとき、これと同じことをしている。ヴァイオレットが婦人服を、ヴイタが紳士服を着ることにしたのは、公共の場所で自分たちの関係を示すのが目的だった。こうして男女の性別を仮装することによって、自分たちの本当の性的アイデンティティについてのメッセージを発しつつ、普通の男女カップルに許された特権をいくらか味わうことができたのである。そして、イギリスに帰国する途中で、ふたりとも普通の婦人服に着替えたのだった。[1]

二〇世紀初頭しばらくの間は、レズビアンの存在はきれいに消し去られていた。当時は衣服によってどんな人間かを見分けることができたし、多くの場合洋服には暗黙のきまりがあって、外見を見ればその人はどの社会集団に所属するかわかったものである。カトリーナ・ローリィの指摘によると、二〇世紀はじめのレズビアンたちは、その性的指向を示し、同時に隠すよう

画家ロマーヌ・ブルックスによるユナ・トルブリッジの肖像画。トルブリッジは自分の性的アイデンティティを示すために紳士服を着用した。

なスタイルの服を着ていたという。[2] たとえばあたかも家族の一員のように、よく似たドレスを着て姉妹に扮することで、自分たちの性的関係を他人から隠す場合。あるいは、仕立てのいい紳士服や婦人服を着て、逆に自分たちの関係をアピールし、本当のアイデンティティを知らしめる場合。

性差の特徴をはっきりと示したり、隠したりする衣服の機能は、ファッションを選ぶ重要な要因である。衣服はその意味を知る人にも知らない人にもなにかを伝える。スタイルは人々の注意をひき、かつ一定の方向へと誘導することができるのだ。たとえば服装倒錯のような逸脱したスタイルの場合、常識を打ち壊すことにもなるし、さらにパロディとして使うと、衣服にさえ男女の厳密な区分を与える社会慣習を風刺することにもなる。また他方では、衣服によって性別を変えて、なにも知らない他人の目をあざむくこともできる。このしくみを知る人は、異性装のもつ快楽と遊びに十分気がついているのだ。スタイルの決まりを破る快楽を味わう一つの例は、ヴィヴィアン・ウエストウッドのデザインした「半分ドレスの紳士」ファッションである。これは紳士シャツ（しかしカラーは外れ、ネクタイもゆがんでいる）に、股布にいちじくの葉やペニスの落書きの入ったパンストをはくという女性ファッションだ。ジュリエット・アッシュはこのファッションについてこう述べている。

私がドレスの下にヴィヴィアン・ウエストウッドのペニスの落書きつき（「半分ドレスの紳士」の）ショーツをはいていると、だれが気づくだろう。この秘密の性転換を意識しながら会議に出席するときも、他人から知られていないことへの自信はさらに深まる。男性の倒錯者がグレイのスーツの下につけたシルクの女性下着の感触を楽しむように、私は女性として、このつまらない慣習の世界で秘密に変身し、大胆不敵なふるまいにおよぶのである。[3]

ファッションセンスと文化資本

現代の都市社会は記号としての商品が流通する経済システムであり、自己は商品によって確立される、という考え方が流行している。ファッションは人々に、価値のあるものを定義し、それを獲得する機会を提供する点において、このシステムの一部である。このシステムを維持しているのは、ブルデューいうところの嗜好決定者《テイストメーカー》あるいは文化媒介者たちだ。[4] 彼らは先を争って商品の世界を支配しようとする。その結果、新しいコミュニケーションの回路が開かれ、かつては分断していた社会集団の間に情報が共有されることになる。ファッション産業、小売業、広告業は文化媒介者となって、ある社会領域から別の社会領域へと特定の知識を広めていくのである。

たしかに、流行とは、一定の商品やサービスを使って知識を組織化することである。おしゃれのレベルの違いは、なにが流行でなにがそうでないかについての知識の格差によってつくり出される。商品はだれにも供給されるので、その知識も人にわけへだてがないかのような幻想がある。しかしおしゃれな商品を手に入れるためには、たとえば、なにが「本当の」おしゃれなのか、スタイルにはどんな順序や秩序があるのか、なにがふさわしいのかなどの関連知識が必要とされるし、そして、その情報を得る方法は各人のおかれたそれぞれの環境に左右されるのである。

英国の人気コメディ番組『とってもすてきな二人組（Absolutely Fabulous）』ではジョアンナ・ラムリーとジェニファー・サンダースが主役の二人組を演じるが、年度末ファッションセール騒動で描かれるギャグは、いつもブランド服の価値がネタになる。主人公の一人エディナ・モンスーンはいつも「ブランドよ、ブランドの名前が入ってるやつ」と繰り返し叫ぶ。ブランド品を買うこと自体がとくに重要なのではない。九割引きの商品には思わず食指も動くというものだが、実際買ってみるとつまらないに決まっている。なぜならブランドロゴも入っていない商品になどだれもふり向いてくれないのだから。二人組は、商品の価値がそのブランド名に宿ることを知っているのだ。お金があってもおしゃれにはなれない。本物のラクロワの服には、よく似た模倣商品にはまったくないオーラがあるものだ。目利き客とはどれを買うべきか、なにが欲しいのか、どれが流行の最先端かを、すぐに見わけられるという。見てすぐに流行商品と見わけられる資質は、その人の文化資本の程度、すなわちファッションセンスのあるなしによって決まるのだ。

しかし難儀なことに、ファッションによる文化資本の形成はそれほど容易ではない。新しい流行の奥義を知るためには、ある程度の努力と時間を要するが、それがわかるころにはその最盛期はすでに終わっていることが多い。たとえば適切な知識とある種の人間関係があれば、高名な美術館においてある岩のかたまりが実は現代彫刻だと知ることができる。しかしその知識も他の種々雑多な人々に広まっていくころには、もともとの美学の意味は変わってしまう。ファッションセンスという文化資本を形成するためには、ファッション雑誌、自己啓発コースや流行紹介記事などが役に立つが、それらは不特定多数の消費者へ向けられているので、独自の文化資本を獲得するにはあまり有効ではないのである。さらに、消費者にとってもう一つの問題は、ほしいもの、とりわけ流行しているもののマーケティングと商品化がなによりも利潤を目的にしていることだ。ファッション雑誌『ザ・フェイス』を読んでもおしゃれになれるとは限らないが、あるグループの中で、この雑誌を知らずに自分はおしゃれだと主張しても、人々は納得してくれないだろう。

ボードリヤールによれば、現代社会では文化は本質的に無秩序な世界である。この世界では記号とイメージが氾濫し、ごたまぜとアイロニーをつくり出し、人々は決まった意味のない不安定な状態におきざりにされている。[*6] たがいを区別する記号として使われる多様なスタイルとブランドのファッション商品と、一時的な秩序や安定をもたらす象徴の体系は、この混沌とした社会を維持する点で、まさに同じである。ボードリヤールの定義では、高級だろうと安物だろうと、洗練されていようとカジュアルだろうと、ファッションは「夢の世界」なのだ。この世界はイメージからつくり出されたもう一つの現実であり、そこには現代社会の偶然性と恣意性があらためて表現されているのだそうだ。「夢の世界」はよく百貨店、テーマパークやハリウッドを形容するのに使われる言葉だが、プラトンやイマヌエル・カントら哲学者の唱える「純粋」かつ「普遍的」な経験ではなく、直接的で感覚的な肉体の快楽が尊重される世界のことである。その誘惑によって、感覚にもとづく経験から解放されようとする理性の判断力は惑わされるだろう。いいかえると、批判精神や文化資本の形成は感覚的経験の影響によって妨げられることになる。ファッションは知性を堕落させるのである。

しかしファッションはただ画一的で感覚的なだけではない。一部の社会集団は対抗的な知の制度を作り上げて、主流ファッションを否定することがある。通常「アンチ・ファッション」というとき、ファッションという変化の激しい制度の外部にいて、強い自己をもつスタイルをさしている。子ども、老人、施設にいる人、外見にかまわない人のような、社会的に無力な人々は、しばしばファッションに無関心なものである。しかしアンチ・ファッションはファッションへの無関心とは別物だ。なぜならそれはいつも流行しているものと対峙しなければならないからである。皮肉なことに、ファッション産業は反抗的ファッションのスタイルをよく流用し、たとえばストリート・スタイルは、一般消費者を対象にしたブランド服のデザインに取り入れられてきたものだ。だが、これら対抗ファッションは商業化されやすいにしても、とりわけマイノリティや逸脱者にとってはある役割を果たしてきた。つまり、流行の服装を使って独自のスタイルを作り上げ、社会への反抗と自分たちの存在証明を宣言するのである。

上流階級というメッセージ

ロザリンド・カワードは、ファッションを色、スタイル、形、付属物の毎年の変化にすぎないとする一般的な偏見を越えない限り、その意味を正しく解釈することはできないと主張している。流行は現在を分析する道具として、はるかに重要な示唆を与えてくれるのだ。「ファッションはその定義上、個性を表現するものではない」とカワードはいう。なぜならそれは「いつも普及している理想をうけいれる」からである。[7] カワードはストリート・スタイルやグランジやニューエイジ・ファッション*を秩序の否定と見なす立場を疑問視し、これらの現象はファッションに新しい一項目をつけ加えたにすぎないという。彼女の目から見れば、ファッションは階層化を生みだしても、否定されることはない。そして、その序列の最上位にあるのが、「優雅で洗練された趣味という考えによって豊かさを示す」スタイルなのだ。[8] このレベルでは、衣服本来の性質、とくに素材と仕立てが強調される。つまり、最も価値があるのは絹、スエードクロスや上質の綿で、なんでも素肌に直接つけられるからだそうだ。こうした素材が「伝統的」スタイルをつくり出す。それは流行の変化に耐え、他人との差異を強調するトレンド主導の「高級」なイメージの新奇性や一般性とは一線を画するという。しかしそれなりに見識あるファッション通なら、主流ファッションが自分にこそ最も価値があり、中心だと主張することは、いわずもがなだろう。

　ファッションとは、ある文化における個人の体験を秩序化し、分類することである。いくら人気のあるファッションも、現実の社会や文化にある階層を完全におおい隠すことはない。たとえば、上流階級のファッションを労働者階級があからさまに模倣すると、その良さは失われてしまうと信じられているように。あるスタイルが一般的になると、オリジナルの新しさが安っぽく薄められるのは避けられず、その価値も下落する。実際にオートクチュールの廉価版としてのプレタポルテは、変化や過激さを求めない人々が好むといわれている。この見解は、上流階級のスタイルが一般大衆市場へと流れていくという、第二章で論じたヴェブレンやジンメルの理論に由来し、多くの人々が中流階級的趣味性を共有することを前提にしている。こう考えると、ファッションが多様性と独自性をもった知の制度だとは考えにくいことになる。

アンジェラ・パーティントンの議論では、上流階級の支配的テイストが直接下々に伝えられるとき、ファッションは階級間の差異を明らかにし、階級闘争を表現することになるという。[9] 下層階級は上流階級の価値観をただ吸収するのではなく、独自の美意識を発展させて階層間の違いを維持する、と彼女は分析している。ここで男女のスタイルを例にして、階級支配と消費社会の関係が示されることになる。労働者階級の男性が普通のビジネススーツを着ると、彼らはただちに秩序へ挑戦しているかのような印象を与える、と彼女はいう。なぜなら彼らは、スーツを結婚式や葬式のような特別な機会にしか着ないはずだからだ。スーツは階級性を一時は隠蔽しても、労働者階級としてのアイデンティティを隠すことはできない。その一方で労働者階級の女性の場合はまた異なる。というのも女性は流行にしたがって洋服を買うので、中流階級的価値観とそれほど対立しないからだそうだ。

社会が豊かになっていく一九五〇年代・六〇年代には、あらゆる社会階層が潜在的な消費者市場と見なされた。とくに女性は格好のターゲットとして研究され、「欲望するまなざし」が小売業によってつくり出されてきたのである。女性はこの新しいマーケティングに簡単に操作され、社会的上昇をアピールするためにはセンスが必要だと教え込まれることになる。パーティントンの論点は、成功した男性の妻、すなわち夫の経済的成功を示すためにこれ見よがしに消費する女性たちについてヴェブレンが展開した議論からとられている。すなわち、女性の外見は新しく獲得した富を代理表象するという説だ。しかしこの二〇世紀なかばの新しい消費行動の結果をみると、女性の所有欲によって現実の社会的立場がかならずしも変化しないことは明らかだろう。女性の方がより多く買い物するので、能動的な消費者だとはいえるが、だから消費が階級差を埋めるとは限らないのだ。

パーティントンによると、一般大衆市場と男女別消費行動は、ファッション産業とレジャー産業が利潤追求のために展開したマーケティングによってつくり出されたという。すなわち、「一般大衆向けのマーケティング戦略を開発することで、特定の階級を消費者ターゲットにすることができ、さらに男女別の販売戦略を発展させることになる」[10]。大衆マーケットは、ただちに支配階級の嗜好性や価値観が普及することを意味するわけではなく、むしろさまざまな社会階層にまたがった新しい階級のスタイルがつくり出されるのである。したがって、広い範囲の社会階層に同じスタイルが流行する現象を説明するモデルは、「滴り」図式ではなく「横断」図式となるだろう。それでもファッションや消費行動に違いがあれば、その差異を見ることで各グループの特徴を区別することができるのだ。

アイデンティティというメッセージ

現在の購買者は階級別マーケティングよりも、ファッション評論家、雑誌編集者、バイヤーら業界関係者からより多くの影響を受けている。ブルデュー的な意味で、彼らは特定の人々の趣味嗜好と消費行動をつくり出す立場にある。こうした業界関係者は一九五〇年代以降出現し、マーケットの再編に重要な役割を果たした。いまやヴェブレンがいうような、ある集団の行動が他の集団に模倣されるような現象はあまり見られず、むしろ変化への刺激は各集団の内部で、その中にいるファッションリーダーがたえず新しい試みをおこなうことで生じるのだ。この現象について、パーティントンは次のように述べている。「階級差はこの社会の中では解消されない。それにもましてより複雑で多様な差異が、ますます巧妙で複雑な生産、メディア、小売り業者による戦略によって生みだされていく[11]」。

多くの実例からわかるように、ファッションが生み出す美意識はみんな同じというわけではない。ある特定のグループには伝統ともいえる決まったスタイルがあるものだ。たとえば、アフリカ系アメリカ人のアフロヘア、ヒスパニック系アメリカ人の色コード、ゲイの西部劇衣装などがそれだ。こうした実例を見ると、マイノリティの自己形成が独自の体験にもとづいて、一般のファッションへの対抗的価値をつくり出していくことがわかる。またスタイルが対抗文化的な批判として使われる例はほかにもある。[*] ヒッピーの長髪にビーズや花柄。スキンヘッズの坊主頭や革ブーツ。バイカーズの破れたジーンズやチェーンのアクセサリー。これら常識を逸脱したファッションは、ある面では中産階級の価値観を侮辱することを目的にしている。しかしファッションの逆説によって、ヒッピーのロマンティックな自然回帰主義もパンクの虚無的なＳＭファッションも、反抗的スタイルのすべてはファッション産業にじきに吸収されて、中産階級へと売りわたされることになるのだが。

　とはいうものの、ファッションは反抗の形式としていつも挫折するというわけではない。ごく限られた時間だけとはいえ、個人や集団の自己表現として役に立つなら、ファッションは風刺や反体制の言語や理論となることができる。[12] 多国籍企業の利益は各人の多様な体験を抑圧するが、その製品を別の目的に流用することで、本来の意味を転倒させることができるのだ。ジーンズ、コカコーラやミッキーマウスを自分自身の生活体験を表現するために象徴的に再利用するとき、支配的ファッションの力はかなり弱まることになるだろう。[13]

　ファッションを人々の生活体験をつくり出す大きな力だとすると、ゲオルク・ジンメルの理論により信憑性があるように思われる。すなわち、ファッションとは、階級格差を維持しようとする旧来の規則が無効化した都市環境において、自分を他人から差別化するための技術だという説である。この新しい大都会という混沌にあっては、自己を自在につくりだしたり、自分以外のだれかになることはたやすい。ジンメルの議論は都市消費社会の分析として、ソースティン・ヴェブレンの議論よりも有効であろう。ヴェブレンは、ファッションを階級間格差を維持し階級内部の結束を固めるための技術と見なす視点にこだわった。しかし、上流階級は他の階層への優越を示すために新たな流行を発明するというヴェブレン説は、固定化した社会階層を前提する。それに対してジンメルは、社会の流動性を認め、ファッションが特定の知識の制度をもつ小集団の文化から生まれると考えたのだ。この洞察によって、ジンメルの分析はヴェブレンより洗練されていることになる。つまり彼はあらゆるファッションが入手できるようになると、ただ一つの支配的スタイルが生まれることもなくなると認識していたのだ。いまや明らかなことは、商品を入手する機会が増大すると、市場は多様化し、みんな独自の生活体験やファッションセンスを持つようになることだ。こうした同一化作用のしくみによって、製品の差異化はさらに進む。その結果、本質的にすべてのファッションは自分のために改良され、一見同じに見えるものの間にも差異がつくり出されることになるだろう。

第八章　消費社会とモードの歴史

値打ちもわからずに、ものを買う輩のなんと増えたことか。
オスカー・ワイルド

オートクチュールの光と影

一九四四年、ナチス占領から解放されたパリを訪れたアメリカのジャーナリストたちを一つの驚きが待っていた。彼らの前にオートクチュール産業がまったく健在な姿で登場したからである。その報道によって、一九四〇年から四四年にかけてドイツ軍がパリを統治していた期間中、ファッション産業が被害を受けなかったことを知らされると、世界中から憤りの声があがった。その当時オートクチュール産業にいた人々は、一九四〇年代後半まで対独協力者として非難されることになる。そしてこの告発は、ファッションの世界でのフランスの主導権を脅やかしたのであった。[1]

戦争による欠乏状態、すなわち経験豊かな技術者の不在、素材の不足、設備や資源の深刻な割当制限などにもかかわらず、ぜいたくな服飾品の生産は続けられたことになる。ナチスの軍隊がパリに侵攻した一九四〇年、オートクチュールも閉店することが予想されたが、そうはならなかった。ナチスがパリの文化と経済を受け継いで、第三帝国のために働かせたからである。当時すでに繁栄していたフランスのファッション産業は、その利益を敵国政府の財政庫へと上納し、ナチスのフランス支配とヨーロッパ戦線の維持を財政的に援助したのであった。

「征服、蹂躙、混沌の極みにあった被占領国のどこに、ぜいたくなファッションのための場所があったのだろうか」と、ルー・テーラーは問いかけている。[2] いくつかの有力なメゾンが店を閉じたが、多くは占領期間中も営業を続けた。当時商業的にも劇的な変化がおこっていた時期だったとはいえ、これは驚くべきことだろう。顧客はもはや世界の名士ではなく、占領体制の恩恵を受ける地元の人々だった。ジャン・パトゥ、ジャンヌ・ランヴァン、ニナ・リッチ、シャルル・ウォルトその他が占領期間中も無事に営業できたのはこれら新しい顧客を受け入れ、対独協力者の社交生活に貢献したからなのだ。ココ・シャネルは店を閉じたが、戦争のほとんどの期間、第三帝国支持の立場を明確にしていたという。[3]

パリのオートクチュールにかんするこのエピソードは、経済活動としてのファッションの重要性、またフランス経済への貢献度を明らかにしている。しかし加えてここに示されているのは、ファッションが人々を強くとらえるあまり、それが約束する快楽が、政治や経済の緊急事態にもまして優先されたということだ。もしファッションが経済にのみ動かされるのでないならば、消費者が何を求めてファッションを購入するのか、改めて考えてみることが重要である。

一九三〇年代後半、パリのファッション産業がフランス経済に占める位置は大きく、両者は事実上深く依存しあっていた。ファッションはぜいたく品を一部階級から解放し、民主化することによって、人々の生活に浸透していく。そしてパリのメゾンももはやオートクチュールが象徴する職人芸のみにこだわらなくなっていた。ファッションビジネスは化粧品、香水、アクセサリー、プレタポルテを統合し、中流階級にも共有できるものとなり、やがてファッション産業はフランス経済の中枢となっていく。もしこの産業の火が第二次世界大戦中に消えてしまったなら、フランス経済の戦後の復興はより困難になっただろう。だからファシスト体制と結託したのも正当な理由があるというわけだ。[4]

いまやファッション産業は国境を越えて展開しているので、ファッションの震源地としてのパリの支配力は衰え、一九世紀のオートクチュールにあった独占的で貴族的な性質は変化している。二〇世紀後半でも、プロのクリエイターやデザイナー、毎シーズンのコレクション、そして豪華な衣装をまとったモデルによるファッションショーなどオートクチュールの構造はいくらか残っているが、いまや企業として成長するための新しい段階へと踏み出している。一九二〇年代のオートクチュール全盛期には、ジャン・パトゥのメゾンはその工房に一三〇〇人もの職人を抱え、シャネルは二五〇〇人を雇用し、またディオールのもとには一九五〇年代まで一二〇〇人が働いていたという。しかし八五年には主要メゾン二一社をあわせても労働者数はたった二〇〇〇人にすぎず、顧客にいたっては世界中で三〇〇〇人の女性しかいないという状況だ。[5]

いくつかのメゾンは生き残りをかけて、職人的手仕事から多角化経営へときりかえてきた。香水はシャネル、パトゥ、ランヴァンによって一九二〇年代から販売されていたが、ファッション産業の主力商品として定着したのは、七〇年代になってからのことである。この頃までに香水、化粧品、ファッションアクセサリーやブランドのライセンスビジネス（革製品、食器、ペン、下着、ライターなど）が収益の大半を生み出すようになっていった。オートクチュールの新作発表はいまなお世界中のマスコミの注目を引きつけているが、メゾンの財政的基盤はもはやそこにはない。

たとえば一九八〇年代半ばまでに、イヴ・サンローランの利益の大半はライセンス事業のロイヤリティからもたらされるようになったし、この一〇年の間にもピエール・カルダン、ニナ・リッチ、ディオールの収益比率は自社製品よりもロイヤリティの方が大きくなっている。最近はアクセサリーに加えて、プレタポルテの生産も最重要課題になっている。プレタポルテとは有名ブランドのラベルはついていても、オリジナルとは異なり注文生産ではないというもの。

一九九四年にラコステは二三〇〇万品以上の衣料を生産し、八〇カ国で販売、同年度年間売上高は七億ドルにのぼるという。[6] 英衣料小売チェーンのネクストの総収益は一九八二年から八六年の四年間で、四〇〇〇万ポンドから九二〇〇万ポンドへと増収した。一九八〇年代の英国ではファッション衣料もふくむデザインビジネスの収支は三倍になり、年間ほぼ二五パーセントの上昇率で膨れ上がっていったのである。[7]

消費社会の歴史

ファッションは消費社会と工業化の発展とが密接に結びついた西欧特有の現象といわれてきた。消費社会という概念は一六世紀以来現在にいたる西欧社会の変化の多くを説明するために、よく引き合いに出される。エミール・デュルケム、マックス・ウェーバー、カール・マルクス、フェルディナンド・テンニエスら社会理論家は、社会的変動期、近代民主主義の基盤となるような階級の編成、労働形態の変化、宗教改革などの社会史上の事件へとさかのぼって、この概念を位置づけようとする。消費革命は社会的再編成の重要な要因と見なされてきたが、それは戦争や宗教的熱狂のような一般的な社会変化要因とは一線を画するのである。なぜなら消費革命はいまだにあらゆる市場経済を変動させ、かつ再構築しているからだ。それは工業化以前の封建制度を特徴づける明瞭な社会階層を揺り動かすことで、社会的混乱をひきおこし、またぜいたく品を民主化して人々の生活水準を向上させ、より平等な社会の実現に貢献してきたのである。[8]

消費社会が正確にいつ始まったかについて、議論は分かれている。アナール学派を継承するフランスの歴史学者フェルナン・ブローデルはその起源を一五世紀にさかのぼるが、チャンドラ・ムカージは一六世紀、ニール・マッケンドリックは一八世紀、ロザリンド・ウィリアムズは一九世紀とそれぞれ主張している。[9]「消費社会」という言葉は通常大量生産品を購買することを意味しているので、消費社会の成長はしばしば工業化の発展と結びつけられることになる。しかし一方、消費社会の特徴として、他人の持たない貴重で珍しい商品を所有したいという欲望も無視できない。ムカージとブローデルは、ある商品の象徴的価値や意味が経済的価値よりも重視されることがあるかぎり、消費社会は資本主義に先立つと議論している。たとえば、時代の経過とともに趣きを帯び、価値が出てくる商品がある。家族の肖像画がその例である。というのも、肖像画の価値は高貴な家柄を証明することにあるからだ。[10] この場合消費者の満足は経済的な次元とは別の次元から得られる。というのも、その商品には物質的な価値よりも、固有の文化的意味があるからだ。

ブローデルによれば、消費社会に固有の新しい行動様式はルネサンス期イタリアと一六世紀エリザベス朝時代英国の宮廷文化にはじまるという。[11] 彼の説では、この両国の宮廷で富をひけらかすことと、食べ物、衣服、ぜいたく品などの価値ある資産をこれ見よがしに浪費することとが結びついたのだ。それは君主制の支配力や所有者の並はずれた、宗教的かつ絶対的な権力を示すためである。このような誇示は、地位、富、権力を与える源泉としての君主制への従属意識を生み出すためにも有効だったのだ。またムカージの指摘によると、エリザベス一世がぜいたくを誇示したのは、宮廷貴族たちの財政基盤を崩す権力支配のシステムをつくり出すための政治戦略だったそうだ。[12] 宮廷でぜいたくを誇示せねばならなかった貴族階級は負債を抱えることになって、君主への反抗をたくらむ経済的余裕がなくなってしまったのだ。しかし今日のファッションにもこれと同じことがいえよう。ファッション商品を購入する出費があまりにも大きいと、個人の社会的環境を大きく改善するための、教育や文化資本を身につけるなど他のものへと向かう余裕がなくなってしまうものだ。

消費社会から多様なスタイルが出現し、競争のためのファッションが発達することは、宮廷社会以降の社会の変化とともにますます顕著になってゆく。もっとも明らかな変化は、嗜好性が多様化したことである。ヴェブレンが論じたように、また前章でも見たように、かつては社会の下層階級の人々が上の階級の持ち物やスタイルをほしがる時代があった。しかしさまざまな商品が登場し、階層間での交流が増えるにつれて、スタイル、趣味、美的嗜好や態度はますます多様化していく。もはや持たざる者が持つ者をうらやむという問題ではなくなったのだ。とくに中産階級の台頭によって、貴族階級の消費傾向にたいして嫉妬よりも疑いの目が向けられるようになり、社会階層の間に広がる格差に反感と、非難の意見が集中することになってからはその傾向はますます顕著になっていった。

流行現象が上から下へと流れ落ちていくというヴェブレン理論は、下層階級の模倣への欲求と上流階級の差別化への欲求にもとづいている。しかし場合によっては、ある階級の趣味嗜好は他の階級からすると外国かぶれで、不自然かつ退廃的な性質のあらわれと見えることもある。センスの違いはだいたい階級構造の上下に対応しているので、結果としては異なる社会集団はたがいに遠ざけ合うことになるわけだ。この場合、消費行動の差異は、社会階層間の距離を反映しているといえよう。伝統的に下層階級が上流階級に抱く嫉妬や畏怖の感情は、やがて軽蔑、反感、混乱といった気持ちにおきかえられる。グラント・マクラッケンによると、両者の関係が改善されるのは、工業化によって商品が入手しやすくなる一八世紀を待たねばならないという。[13]

こうした消費社会の黎明期にも、いまなお見られるファッションへの衝動の特徴をいくつか見定められよう。この頃のこれ見よがしの消費においても、購入されたり、制作を委託した商品の価値によって、その家族の生活が物質的に向上するとは限らないのである。消費には実益以上に、象徴的な価値があったのだ。もっとも多くの商品は「趣き」を帯びること、すなわち時の経過や伝統の継承とともに価値が増していくことはない。それらはいずれにせよ所有者の地位を高める道具として誇示するためのものだ。工業化以前の時代には、商品を製作する技術もその価値となり、時を経るにつれますますその価値は増していくものであった。しかし工業化時代に大量生産が盛んになると、商品の「趣き」という価値はすぐに失われてしまうのである。

大量生産と消費社会　一八世紀

マッケンドリックの考えでは、一八世紀が消費社会の原点だという。なぜなら大量生産商品の増大と普及があってはじめて、消費社会の圧倒的な到来が用意されたからである。マッケンドリックにとっては、ファッションのはじまりは地位誇示競争にもとづく消費革命によるのである。彼はファッション消費と階級の変化を直接に結びつける。新興ブルジョア階級は新しい商品を強く求め、さらにこれらの商品がファッションの民主主義をすすめることになった。新しいマーケティング技術が開発されて、流行という思想がより急速に普及することになる。さらに、インド産の綿やモスリン織りなどより安価な材料が広く出回り、かつ新興の企業家たちの努力が実って、消費への関心はますます高まっていった。市場の需要を掘り起こすために、高級な趣味性をつくり出したジョシア・ウェッジウッドもその一人である。さまざまな商品が大量に出回り、多くの人々から歓迎されて熱心に買い求められた。その結果、多様な嗜好性《テイスト》が競合し、私的所有の観念が芽生えることになるが、それをマッケンドリックは次のように表現している。

男女ともかつて親から受け継ぐはずのものは、いまや各自が購入するものとなった。かつては必要に迫られて買うものだったが、いまやファッションに惹かれて買うのだ。一生使うものは、いまや何度も買いかえられる消費財となった。その結果「ぜいたく品」はただの「人なみ」に堕し、「人なみ」はさらに「必需品」と見なされることになる。[14]

消費者行動における変化とともに、人々の感性にも大きな変容が訪れた。消費が生活に占める割合が増えることによって、「スタイルが使用価値に、美しさが機能に勝利する」ことになったのだ。[15]かつては商品の価値は商品に内在していたが、いまや外部の状況によってつくり出されるのである。かくして「趣き」は価値基準としての「新しさ」におきかえられることになった。

一八世紀以来、商品市場が大きく拡大し、人々がはるかに多くの選択肢を楽しむことができるようになると、上流階級と下層階級の感性は多くの場合それほど明確に乖離するものではなくなった。というのも、中産階級の台頭と増大によって、階級間の美意識や経済の格差が埋められていったからだ。消費行動は社会的なアイデンティティを象徴的に表現する手段となり、かつてはたがいに違和感を持っていた人々の間に共通する社会的関心をつくり出すことになる。この点では、消費は社会学的にも重要である。匿名の他人が住む都市では、社会は均質化へと向かう。なぜなら商品という文化的価値を共有することによって、一つの秩序ある社会性がつくり出されるのだから。そのとき、消費社会は人の生き方となり、社会組織の基盤となるのである。

消費者革命は社会と人々の行動を変えたが、どう変えたのかを説明するのはむつかしい。商品はどのように欲望の対象となり、どんな文化的な意味を持つのか。所有によって社会階層を上がったり下がったりすること、物が他の同じような物と対立項にあることはどういうことなのか。ファッション力学のこれらの側面はいろんな説明がされてきた。たとえば物には本来備わる価値はなく、ただ社会的な関係性によって商品価値が生まれるのだという考え方がある。物に商品価値が生まれるのは、文化的・美的な価値よりもその商品にかけた費用によるのだ。その一方で、このような功利主義的な説明にたいして、心理学、歴史学、社会学から多くの反論が投げかけられてきた。たとえば、エミール・ゾラ、マイケル・ミラー、ロザリンド・ウィリアムズによれば、一九世紀の百貨店はブルジョア階級の教育の場所であり、商品への欲望を普及させ、嗜好性や美意識への新たな関心をうえつけたという。[16] 百貨店は見せるための消費をうながし、財産よりも美意識にもとづく階層を生んだのだ。商品を貪欲に購入するがその価値を判断する美的基準をもたないこれら新興中産階級の人々の熱狂に水をかけたのは、おしゃれという概念である。そのころ出現した名士たちは、英国摂政時代のダンディのようにファッションを差別化する手段と見なし、美的判断なき消費など陳腐きわまりないと軽蔑したものである。

一九世紀のダンディは衣服に細心の注意を払い、貴族の豪華主義ともブルジョアの模倣志向ともまったく反対のスタイルを考案している。ダンディは服こそ人なりという思想をもっとも早い段階で実践したが、そのスタイルは今までにないものだった。[17]つまり、ダンディのスタイルは伝統的な階層秩序を反映するのではなく、それに挑戦したのである。ダンディは外見を使って、服飾、態度に新しい文化的意味を与えたのであり、外見、遊び方、スタイルは消費の最新様式を解説する新しい言説となった。これこそが、マクラッケンのいう「商品の文化的表現力を活用する」最初期の試みだったのである。[18]

社会改革と現状維持

一九世紀はファッションの重要性が、経済的にも文化的にも広く理解されるようになった時代である。新しいマーケティングや生産の技術が開発され、ますます明確となる社会変化にかんする新しい論議も活発になった。ジンメルによれば、流行の原動力は模倣への欲求であり、当時の階級構造と、都市環境によって社会移動性が高まったことがそれをさらに進めたのだそうだ。[19] ファッションに誘惑されやすい人は「不安定な階級」、とりわけ経済的に自立する手段を奪われた女性たちだった。彼女たちがよりよいと思う人々のファッションやスタイルを模倣するのも、不安定な状況からぬけ出したいからだということになる。その結果、人の後を追う模倣者の大群が生まれ、ファッションリーダーはまわりの群集との違いを際立たせるために、また次のスタイルを更新する羽目になったのだ。

ジンメルは近代商業のしくみを分析し、貨幣文化は社会的身分を民主化することによって、個人を他者への依存から解放する、と論じた。[20] 同時にこの文化は商品を陳列することで、人々の交流をさらに機械化し、行為や所有物は金銭価値から判断されるようになる。その結果、人々はたがいに無関心な態度をとるようになるが、ファッションはこの傾向を加速させるという。ファッションの差別化によって、人々は競争したがいを意識する一方で、皮肉にも同じかっこうをして同じ快楽を体験したいという欲望をも高めるのだそうだ。

ジンメル理論において、流行の役割は、矛盾する感情、あるいは対立する諸性質の間を仲介することにある。彼は「個性化」と「均質化」、共同体意識と差別化意識、依存したいと同時に自由になりたいという二つの欲求を強調する。ファッションはこれら矛盾した欲求の均衡を維持させることで、日常生活を豊かにするのだ。ジンメルによれば、流行の価値は社会改革を前進させることとなのだ。流行が望ましいのは、そこに変化が内在していて、それがしばしば改革へつながるからである。

それにたいして、ソースティン・ヴェブレンは流行を現状維持装置と見なしている。[21] 大量生産の時代は標準化によって支配されるので、商品や個人の独自性はなおざりにされてしまう。結果として、見せるために消費するうちに疑似の個性が与えられることになる。ファッションの購買による個性といっても、浪費する余裕のある上流階級にしても、所得が少なく上流階級を模倣する中流階級にとっても、同様に好ましいことではないはずだ。ヴェブレンの考えでは、消費や所有の快楽は無駄で非合理的な行為であり、文明の対立概念なのである。それにかわって擁護されるのは、生産と蓄財を重視するピューリタン的な労働倫理であり、彼の理論には日常の消費からしばしば感じられる快楽の余地はない。

近代民主主義は、商品を大量生産することで大衆が消費を楽しむような環境を整えた。この時ファッションは自己表現となり、自分を他人から差別化し、優越感を示すという特別な喜びとなったのだ。しかし奇妙なことに、社会の上層と下層の障壁がとりこわされ、貴族とブルジョアとの埋めがたい距離さえも解消されたとき、再び商品、行動、記号が動員されて社会的地位と自己同一性の差異を復権しようとはかる動きが生まれるのだ。

ここで明らかなのは、消費社会による民主化によって、社会の偉大なる調和がうまれたり、文化や美意識を高めたりはしないことだろう。むしろファッションによって、社会的上昇志向とそれから距離をとる動きが繰り返されるにすぎない。ぜいたく品という記号がより簡単に手に入るようになったとき、消費者志向の経済はそれ自身を維持するためにも、さらに多くの欲望の対象を生産しなければならなくなるのだ。これこそが経済原則である。しかし社会的関係においては、ファッションとして合法化される、この商品の果てしない運動は、一種の社交術へと移しかえられることになる。その社交術によって、人々は示される商品の表面的な記号性より、たがいを「読む」ことになる。その結果として、まず自己をつくり出し、ついで自己イメージと社会的役割を操作することになるのである。

百貨店の成立とファッション産業

ファッションがつくり出す世界は、象徴的な価値や文化的意味をつめこんだ商品が氾濫する世界だ。そこでは消費者は、商品に埋め込まれた微妙な記号や解説を読みこなす技術をもつ記

百貨店は女性たちに商品を見る喜びを教え、消費者へと変えていく。写真は一八七〇年代のボンマルシェ。

号学者になるべく求められる。百貨店の役割はそのための教育をほどこすことであった。実際に一九世紀の百貨店は教育の殿堂であり、社会への入門書として、人々に新製品のおしゃれ、魅力、価値を啓蒙したのである。

百貨店の出現は、ファッション産業の成長に重要な貢献を果たした。さまざまな階層の女性が、客として公的領域に出現するという経験ははじめてではなかったとしても、当時としてはかなりの数の女性たちをまきこんだのである。陳列された商品を見るために百貨店や商業施設へ自由に入ることは、女性にとって、男性が他の公共施設に行くのと同じく社会に出る機会だった。しかも、女性は消費者として匿名で活動できるようになる。こうして女性たちは欲望を追求し、予期せぬ他人と出会うために、家を離れることを認められたのであった。ヴィクトリア朝時代の女性たちは、消費者としてではあるが、家庭に幽閉されること、隔離された世界から逃れて、自分を見つめ直すことのできる場所を見つけたのだ。

一九世紀の百貨店は、男女が消費者としてどのように別の道を行くようになったかを考えるとき、重要な手がかりとなる。百貨店は女性を歓迎し、かつて許されなかった社会進出の機会を与えてくれたが、公共の場での女性の「病理化」をあからさまに進めたのもまたこの場所だったのだ。第五章で見たように、ゾラの小説『淑女の娯しみ』は、百貨店によって女性が新しい狂気、窃盗症のような心理障害と結びついていく様子を描いていた。近代社会が豊かになって、過剰生産による物の氾濫と耽溺が進むほど、買物のような日常的な行動も、心理的不安や、ときに狂気さえ生み出すようになる。現代の生活は欲望と過度の緊張感によって、すなわち新しい試みや誘惑の増大によって動かされると信じこむことで、弱者をさらに弱くするような病的な環境がつくり出されたのだ。女性たちはとりわけ弱いと見なされた。消費者として誘惑にたえず接するうちに、女性は都市の生む病理現象の被害者となっていく。消費への欲望によって、女性は自己抑制のできない存在と考えられていくようになるのだ。

レイチェル・ボゥルビーは、近代のこの時期に男女別買物行動が固定化された、と分析している。[22] しばしば広告、大衆文学、マスメディアは女性を消費者として描き、買物もまたとるに足りない、驕慢で、無駄な行為だと見なされることになった。同じ行為でも株券、機械類、車、不動産や地所などの「重要な」商品を購入するさいには、買物は男の仕事となるのだ。近代消

むかしから多くの女性たちがファッション産業で働いた。写真は一八六五年、クリノリン工場で働く女性たちを描いている。

費社会は、欲望を解き放ち、感情と感覚を刺激し、新しい欲求を生み出すが、こうした欲求が一種の耽溺となり抑制できない不合理な力へと病理化するとき、それらは隠喩としての女らしさと結びつけられることになるのである。抑制できるときは、つまり「男らしく」自制される場合は、同じ衝動でも冒険的、進取の気性がある、創造的などと形容されるのに。

ファッションは近代ではあきらかに女性が顧客なのに、男性支配による経済活動である。二〇世紀初頭には、シャルル・フレドリック・ウォルト（最初期に女性ファッションの世界に入った）のような男性デザイナーたちが、オートクチュールを経済的に旨味のあるビジネスへと導いてきた。多くのファッション産業労働者は女性だったが、男性は元来ものを創造する才能に恵まれ、女性は男性のひらめきを実際の服飾へと移しかえるという必要な、しかし退屈な仕事をする技術者だとされていたのだ。[23] たしかにココ・シャネル、エリザ・スキャパレリ、マドレーヌ・ヴィオネら有名女性クチュリエはパリを二〇世紀ファッションの都にすることに貢献してきた。その成功はファッション産業での男女の一般的な役割分担の説明と矛盾するように見えるが、彼女たちの伝記を読むと、財政その他の面で男性たちへの依存が不可欠だったことがわかる。[24]
たとえばココ・シャネルは、女優や娼婦などの経歴を含む華麗な人生を歩んできた。もっともその内容がどこまで真実なのかは、いまなお彼女にまつわる神話のためにかなり疑わしいものではあるが。スティールによれば、シャネルがファッションの世界に足を踏み入れたのは、デザイナーとしての才能のせいではなく、ベル・エポック時代にありがちな富裕な男性の愛人が援助してくれて、「帽子屋を開業したため、飽きられたときに経済的に自立できた」からだという。[25] 実際にサルバトール・ダリはシャネルがこう言ったのを思い起こしている。「あたしが高級ファッションの店を持てたのは、二人の紳士がこの可愛いホットなからだを競り勝とうとしたおかげよ[26]」。

非合理的な欲望としてのファッション

ファッションの成功はジェンダーのパフォーマンスとしての側面にかかわる一方で、また人間本性についての仮説にも深くもとづいている。ヴェブレンの考えでは、流行を追うのはだまされやすい人のする愚行である。理性と自制心があれば、それほど簡単に流行にたぶらかされることはないはずなのだ。大衆消費社会の揺籃期、つまり二〇世紀最初の三十年間には、製造業者、小売業者、広告業者も、受動的で愚鈍な消費者像を前提していたという。[27] それはある程度は職場合理化運動の結果なのである。というのもこの頃は、産業界は再編と拡張の必要性に被雇用者たちを適合させていった時期にあたるからだ。当時は新しい労働者には自立した人格も人生の目的もないと見なされていた。そのような精神をもった人々は流行品をただ消費するだけであり、この商品やあの商品を所有するべしという広告のすすめにひたすら従うと信じられていたのである。

この問題を考える別の視点は、人間の欲望についての批判的な議論、すなわち消費が本来非合理的な人間のもつ矛盾した欲求より生じるという見解である。ボードリヤール、アンリ・ルフェーブル、ギー・ドゥボールらのマルクス主義的研究は、資本主義経済を個人の好みや趣味を支配する構造として論じている。[28] ボードリヤールにとっては、人々は自分の欲求を特定できないが、つまり具体的になにが必要かはわからないのであるが、しかし人間の欲求は「差異」と社会的意味を求めると定義できるのだという。[29] 消費を快楽の現象としてではなく、コミュニケーションの体系、象徴交換の構造として考えると、消費者は他者とともに行動することができる。そのとき消費は社会の絆となるのだ。消費が表現しているのは自然な欲求、あるいは満足や喜びではなく、その反対に人々がいかに根拠もなく生活しているか、なのだ。

さらにボードリヤールは、いまや他の人間よりもテクノロジーや機械と親密に生活している限り、人々はたがいにまったく異なる世界に住んでいるとも主張する。ボードリヤールはこう言っている。「狼少年が狼と暮らすうちに狼になるように、私たちも次第に機械になっていく。私たちは物の時代に生きている。つまり、物のリズムで、その絶えることない運動の中で暮らしているのだ[30]」。

このような現代社会論を見ると、人間の欲求について議論する余地が大いにあることが分かる。消費は人間に必要なのか。この欲求は人為的に作られ、維持されるものなのか。もし生理的、心理的に異なる数々の欲求があるならば、それらをうまく分類して定義できるのだろうか。ボードリヤールはこれらのやっかいな議論を要約して、アメリカの経済学者、J・K・ガルブレイスの言葉を引用する。「人間が科学的探求の対象となったのは、自動車を売るのが、作るのよりも難しくなったからだ[31]」。欲求は分類されないし、むしろ神秘的なやり方で個人的な満足と結びついているものである。しかし、同時に、欲望は「消費の原動力」と見なされる。かりに消費者倫理から生まれる欲求がほとんど虚構だとしても、消費経済を維持する戦略としては有効なのである。

大衆消費社会は必ずしも新しい生産力から発生するのではない。そして生産と消費という二つの構造的な力の均衡を維持するために、個々の人間をあてにしてもいられない。だが広告が消費者行動に及ぼす影響力は、とりわけ新しい価値制度や考えを導入するときは、めざましいものがある。ある広告は矛盾する無関係な素材でも見事にまとめあげてしまう。たとえば、あるたばこの広告はストレスを減らしダイエットの役に立つという理由で、たばこが健康のためにいいと主張しているという。[32]

消費は解放するのか、抑圧するのか

ファッション産業も広告から大きな恩恵を受けている。ファッションはメディアに取り上げられることで市場に広がっていく。それは変化や新しい経験を求める現代の気質と深くかかわっているといえよう。流行は人々を過去の束縛から解き放ち、より直接的に目下の欲求に応えることができるように、伝統の軛をゆるめるのだ。流行の速度は、二〇世紀にますます加速していく。一九世紀は洋服のスタイルが変化するのに数十年かかることもあったが、二〇世紀には古いスタイルがなくなる前に新しいのがやってくる。この速度に弾みがついた原因はいくつかある。消費者が富裕になったこと。階級格差が平準化されたこと。メディアによる情報の流れが速くなったこと。また同時に、アパレル産業の資本の集約化と工業化。その結果、多くのファッションが同時に発生することになった。昼と夜、街や田舎、仕事や遊び、家庭や会社など、ケース・バイ・ケースでスタイルを変えるようになったことも、ファッションの同時多発性と普及に影響を及ぼしたといえよう。

アメリカの象徴的相互作用学派の社会学者ハーバート・ブルーマーによれば、[*]ファッションは人々に、現代都市生活の要求に効果的に応えるよう準備させるのだという[33]。流行は人々を現在に直面させ、過去と伝統の重圧から解放するように働きかけるからである。さらにまた都市生活の要因である多義性と不安定性とを解消して、社会不安を緩和するという。というのもファッションは変化をはっきりと目に見える形にして、その予測ができるようにするからだ。このようにして、複雑で不安定な日常生活の意味は流行現象や新しい社会行動の表現を通して明確になり、それを読むことで新しさにつきまとう不安の多くは解消されるだろう。ブルーマーは暗黙のうちに現代生活の社会的交流における商品の意義を認め、流行商品の消費行動を疑問視したり、批判したりはしない。つまり彼にとって、商品は単に自明で所与のものなのだ。

ブルーマーの見解は、商品には個人の社会的パーソナリティが表現されていると主張する物質文化の人類学の立場と似ていなくもない。それによれば、その商品が伝統に根ざすものだろうと、工場のベルトコンベアの上を流れるものだろうと、人と持ち物との関係は社会生活を構成する重要な要素なのである。とりわけ流行していればなおのこと、商品などとるに足りないという道徳的な判断をもってしても、持ち物は無視されたり、見落とされたり、過小評価されたりできないのだ。商品はまた社会的な標識として働くにせよ、自己表現にも重要なものである。特定の物を選択し、購入し、欲望することのすべては、その人間性と社会的立場の記号となって、持ち主のことを語るのだから。マーケティングや広告業界の言葉とは異なった、私的な欲望による商品の使い方がはっきりとあるときは、その物は個人的な重要性をもつのである。商品に独自の意味を与えることによって、疎外された性質を求めるかわりに、所有者はそれに自らを刻印する。商品がファッションのラベルによってフェティッシュとなるとき、象徴的意味が商品の起源を隠蔽し、それへの欲望は嗜好決定者《テイストメーカー》の影響力を物語る一つの例になってしまう。そのときファッションは抑圧の形式となる。[34]

　ファッションという制度の支配的なイメージは、オートクチュールであり、特別で個性的な外見をもつべしという思想だろう。しかし、ここには興味深い例外もある。下着、ストッキング、靴下、肌着の場合を見ると、明らかに手作り商品よりも大量生産商品の方が優れている。またリーバイス５０１をはじめとするジーンズも、大量生産品の魅力を例証する。[35] にもかかわらず、高級品が望ましいというイメージがファッション産業に浸透し、デザイナー商品や「旬」のシーズン商品の魅力は永続している。ジーンズやワークブーツのような商品が、ヴェブレンの「滴り理論」に反して人気をもつ一方で、オートクチュールの高級品こそがおしゃれだといわれ続けているのである。

しかしファッションは経済現象としてのみあるのではない。発達した製造技術と地球規模の流通システムが構築され、ファッションの届く範囲がメディアと争えるほど広がろうと、経済効率と要因がかならず成功を保証するわけではないのだから。ベネトンのような高度な技術をもつ製造業者は、市場に絶大な影響力を持つように見える。しかしストリート・スタイル、懐古ファッション、民族性や地方性のあるファッションが根強く支持されていることからわかるように、ファッションビジネスは一般に考えられているほど消費者を直接的、効果的に操るわけではないのだ。

ファッションは私たちをもう一つの生活へと誘いかける。この誘惑が最も効果を発揮するのは商品の氾濫する社会環境であり、そこではすべての商品が新しい感性、新しい出会いとを約束している。いまやファッションはあまりに多様で、古典的な滴り理論から説明するのはむつかしい。さらにまたファッションは個人の世界と公共の空間とをよりあわせる。ファッションによって、個人の欲望と自然な身体表現が、消費という一般的で公的な儀礼の形をかりて表面化することになる。こうした身体技法によって、ファッションは単純な経済還元論の網から逃れていくのである。

第九章　反抗する都市のスタイル

大都市では人は自分らしく生きるように努力することが重要だ。もっとも、その生き方がつねに正しいかどうか、うまくいくかどうかは別の問題だが。

ゲオルク・ジンメル

美術館に入ったファッション

アリソン・リュリーによれば、シティウェアは都市の迷彩服だという。その証拠に石、コンクリート、弱い太陽光線に似た色味が使われているではないか。しかも丸みを帯びた人間の体をより直線的に見せるべく裁断されており、とりわけ男性服は、周囲の建物を反映した長方形で、縞模様も描かれている。したがって、シティウェアは「都市生活者を天敵から隠したり、その餌食へと忍び寄ったり、あるいはその両方を容易にする」服なのだそうだ。[1] どこまで真剣なのかはともかく、この議論で重要なのは、衣服を都市の街風景の一つとして論じていることだろう。

第二次大戦中にもかかわらず、布地をたっぷり使ったズートスーツを着る若者。当時の社会から大きな反感をかったストリート・スタイル。

近年美術館ではファッションを特別展のテーマにすえて、その文化的意義を評価する風潮が高まっている。一九九三年にキャンベラのオーストラリア国立ギャラリーは「殺しのドレスファッションの一〇〇年」展を開催した。シャルル・ウォルトの作品に始まり、ジャンヌ・ランヴァン、パコ・ラバンヌ、ザンドラ・ローズ、川久保玲、クリスチャン・ラクロワほかの代表的な作品が展示され、かつての異端児でいまやファッション界の権威ヴィヴィアン・ウエストウッドもその中に含まれている。偶然にもヴィクトリアの国立ギャラリーでも、かなり小規模だが芸術家としてのデザイナーに焦点を当てた展覧会「ウォルトからディオールまで」を催している。一九九四年にシドニーのパワーハウスはクリスチャン・ディオールのファッションデザイナーとしての業績をたたえて、「ファッションの魔法」と題した企画展を開いた。ロンドンでは一九九四年から九五年の休暇シーズン中、ヴィクトリア&アルバート博物館で、文化人類学者のテッド・ポレーマスの監修による「ストリート・スタイル　路上からファッションへ、一九四〇年から明日へ」が開催されている。これは戦後の若者文化と族スタイルを衣服から分類したものだ。一九四〇年代のニューヨークはハーレムのズートスーツに始まり、ニューエイジ・トラベラー、ロッカー、ラスタ、パンク、バイカー、サーファー、ロカビリー、ゴス、ヒップスターなど、九〇年代の折衷主義ファッション[*]にいたるまでをとりあげている。この展覧会はストリート・スタイルをファッション現象として回顧したものである。

　美術館、百貨店、広告代理店からの注目を集めることによって、衣服は他の芸術と同じような鑑賞される対象となった。ストリート・スタイル展の重要な前提としては、衣服やスタイルには人類学的に貴重な意味が「つめこまれて」おり、それを着る人々の政治的・社会的立場が示されていることである。衣服、ヘアスタイル、化粧には各サブカルチャーの世界観が表明されているのだ。ポレーマスはさらに進んで、衣服にはかなり複雑な思想、行動、価値観を表現する力があり、表面の外見と内面の政治的信念や美意識との間には対応関係が認められると主張する。[2]彼の考えによると、洋服はたとえばヒッピーのように自然回帰思想でも、パンクの衣装のように虚無的な無政府主義でもどんな政治的意見をも表明できることになる。「パンクの着るレザー、フェティッシュなファッション、鋲や異常な色に染めた髪形が表現するのは、虚無主義、攻撃的な態度、意図的な逸脱の快楽である」[3]。したがって洋服は政治的などんな立場をも表現できるのだ。

外見から人格や政治的立場を識別するのは、なにも最近のことではない。近代社会がぜいたく禁止令や厳格な衣服のきまりを廃止したとき、人々は自由に自分をつくり上げる機会を手にすることになった。自己表現が可能になったことによって、ファッション産業は急速に発展することになったが、これはすこぶる近代的な現象だろう。近代とは技術、政治、社会、芸術の分野で、たえず新しい発明や発見が追求されていた時代だった。新しさの魅力を強調し過去を嘲弄することで、ファッションは都市と近代を表現する言葉になる。ダグラス・ケルナーは近代を次のように定義している。

ファッションは近代を構成する一つの要素である。近代はたえず技術を革新し、古きをこわし、新しきをつくることによって、前に進んだ時代であった。ファッションも、つねに新しい趣味、商品、実践をつくり出すことによって成立する。現代人がいつも新しく素敵なものを求め、古いものや過去を忌避することを果てしなく続けられるのも、ファッションのおかげだ。ファッションと近代とは手に手をとって、現代人のパーソナリティをつくり出したのである。[4]

かくして、とりわけ「有名人」が人々の自己表現に直接影響をあたえるようになった。

マイケル・ジャクソン、プリンス、ボーイ・ジョージ、その他のロックグループは伝統的な性別カテゴリーを弱め、多形的な性のあり方を普及させる。シンディ・ローパーは常識外れのいかれた騒ぎに浮かれ、ピーウィー・ハーマンはばかげた幼稚な行動にふける……クールな洗練、成熟、尊敬、趣味の時代は終わった。ピーウィーの時代はばかか変か、すくなくとも人と違っていれば、大丈夫なのだ。[5]

しかしケルナーによれば、都会人の人格形成に最も影響力をもつ有名人はマドンナである。

マドンナがいつもファッション、イメージ、自分自身を変えてきた結果、スタイルや自己表現を新しくつくり出すことは日常的になったといえよう。彼女がときに劇的なまでに変身するのを見ると、アイデンティティは構築されるもので、意志によってつくり出したり変えたりできることが納得できる。マドンナがファッションを使って新しい自分をつくり出すやり方によって、外見とイメージがその人自身を定義すること、他人の印象を決めることが明らかになる……彼女の髪は安っぽいブロンドからプラチナブロンド、黒、ブルネット、赤毛、さらにほかの色へと変化し、柔らかいセクシーな肉体からグラマラスでほっそりとした体型、ハードで筋肉質なセックスマシーン、未来のテクノボディへと変身する。ファッションもけばけばしいぼろぎれから、オートクチュール、前衛テクノカルチャー、レズビアン風ＳＭファッション、ファッションの歴史を再編集するポストモダンルックまで、多様なスタイルを身にまとう。[6]

都市とアイデンティティ

二〇世紀はじめにジンメルは、自己同一性と地理学、より正確には地勢学との密接な関係が生じるのを目の当たりにした。彼は、都市中心部の急速な発展は、人々の関係性を根本的に変化させたと論じる。もともと都市の環境は騒々しく、刺激的すぎて、人々が商売したり、生活するのには適していなかった。[7] 騒々しい環境によって、公共の場にふさわしい態度と行動様式の基準が変わり、アイデンティティと個性の意味をも変化させたのである。つまり都市によって、ちっぽけでありふれた自分と、潜在的に危険で突拍子のない要求をしてくる他人というぐあいに、人間関係は変化することになる。都市生活の圧力に応じて、人々は無関心な態度をとる、つまり日常生活の慌ただしさから自分を守るために外部から距離をとるようになった。しかし一方でおしゃれな商品のようなステータスシンボルによって、個性や独自性を表現し、都市の中の自己喪失や匿名化からぬけだそうと試みるのだ。

ジンメルが記述するような都市状況においては、ファッションはこの支配的な社会管理制度によって、すり減らされ、均一にされ、押しつぶされることから、人々を守るという。この議論では、都市はすべてを物象化する文化ということになる。その結果、こうした状況を生き残るために、人々は主体性を回復するべく奮闘し、無関心のはびこる中で個性を確立するために自己表現をするのだ。しかし個性的な自己表現といっても、その人は真に個性的な存在となるわけではない。あまりに個性的で他人が解読できないほどであれば、また匿名化してしまうのだから。おしゃれの目的は、ある共有された記号体系の中で個性を表現することである。そもそも、ある限られた美意識の範囲の中でしか、目立つことはできない。目立つためにおしゃれな商品を購入するとき、すでにその価値が共有されている商品の中からしか選択されないものだ。したがって、いつもおしゃれであるためには、商品の価値についての知識を更新していかねばならない。ただ役に立つからという理由では十分ではないのだ。ファッション商品とは使用価値よりも象徴的文化的価値が重要であり、それ自体で新しい種類の商品なのである。そしてその意義は、路上《ストリート》で目立つことにあるといえよう。

対抗文化とストリート

ストリートとは不思議な場所である。物理的には方向のある舗道であり、すべての都市を特徴のある地区に分割する地形上の線となる。またストリートは境界であり周縁であり、どこかへとつながる道として、それなりの目的ももっている。しかしその単純さにもかかわらず、これらの物理的特徴は概念的には多義的である。方向、目的、境界、そして分類という概念はすべてポスト構造主義の再検討課題であり、ストリートは現代の問題意識を表現する有効な隠喩と思われないでもない。そして、人々はストリートを意識的に使うことで、その隠された多義性を利用できるのだ。たとえば、「ハロー、オーストラリア」「コカコーラ」「ハードロックカフェ」のような平凡なロゴのTシャツを、あらゆる場所で着ることによって、これらの見なれた表層を皮肉や風刺に転じることは、単純にはいかないかもしれないが、つねに可能なのである。このときストリートの服は、美意識や社会的監視への挑戦というメッセージを発するのだ。

ストリート・スタイルは、しばしば真面目な社会的主張を表明するために用いられてきた。ユートピア主義的反逆者や社会改革者は衣服のスタイルを、新しい政治意識を公然と声明するために使ったものである。[8] 初期産業社会のフランスでは、レ・バルビュス、サンシモン主義者、若きフランスなどのグループ[*]が着た雑多なスタイルは、主流文化の否定を意味していた。それは古典的なトーガ服、赤いベスト、派手な色のズボンや帽子、長髪やひげ、だらしのない部屋着といったスタイルである。対抗文化のスタイルは、常識を守った身なりが体制迎合を意味するように、社会への不満を明らかにし、政治を批判してきた。

しかしアリソン・リュリーによるシティウェアの表層的な解釈が、本質的というよりただ楽しいものでしかないように、対抗的な意味があろうと、ファッションやスタイルを解釈するには限界があることも確かだ。というのも、外見の視覚的な特徴を一定のメッセージに限定することができないからである。どんな急進的政治活動にもTシャツのスローガンよりも、多様で複雑な側面があるものだ。しかしながら皮肉なことに、ファッションやスタイルの解釈に曖昧なところがあると、まるで自明なメッセージがあるかのように、明快な意味を求める欲求もまた生まれてくるのだ。これを証明するように、階級、地位、伝統を映し出すようなファッションの階層化はまだ残っている。すでにあらゆる政治的な立場を吸収することが流行の一部となっている。ストリート・スタイルのショック効果はなくなり、もっとも大胆なスタイルも流行になるというのに（SMフェティッシュファッションがオートクチュールにとりいれられたり、異性装が世界中のファッションショーの舞台で当たり前に見られるようになっているように）、なおある服装に正統性があると信じられ、衣服によって反抗の意志や伝統への忠誠が表現できるという思いは根強いのだ。

スタイルの意味をどう決めるか

あらゆるファッションが多義的なのは、現状に反抗するのか、追認するのか意味がつかめないという問題があるからだろう。オートクチュールのガウンが女装芸人《ドラッグクイーン》の舞台に登場するとき、その本当の価値を見抜くのはむつかしい。このことは第六章で見たようにダイアン・アーバスの写真からも明らかであった。[9] 同じことはジェニー・リヴィングストンのドキュメンタリー映画『パリ、夜は眠らない』からもわかる。この映画はニューヨーク、ハーレムでのアフリカ系アメリカ人やラテン系アメリカ人の男性によるドラッグクィーンの舞台を記録したものだ。ここでは主に真っ当な「白人」世界から借りられた数々のファッションが演じられるが、その衣装には、アイヴィーリーグ、エグゼクティヴ、ミリタリールック、女性的ドラッグ、マッチョクィーンなどがあるという。ジュディス・バトラーはこれらパフォーマンスの意味を探求している。[10] 彼らは常識の規範に反逆しているのか、理想化しているのか。観客はスタイルとその意味とが一致するかどうかをいかにして知るのか。あるスタイルが模倣されるとき、その結果生まれた似非ファッションを虚偽や失敗と見なすのかどうか、決めがたい問題である。この模倣はファッションの階層秩序を破壊するのだろうか、それに従うのだろうか。[11] カジュアルウェアやストリートの服が最初に目立つロゴを入れたとき、それはブランドへの嘲笑と解釈されたものだ。しかしそれらブランドのロゴや記号があたり前になると、その偶像破壊の衝撃はなくなってしまう。ロゴを目立たせても、もはやブランドの象徴的な力にとりつかれている中流階級の欲望を揶揄することにはならない。それはただ消費者の新しい美意識を告げるにすぎないのだ。

スポーツ帽を例に見てみよう。かつてはスポーツ帽はサッカー、野球、バスケットボールの特定のチームを応援していることを示すために使われた。しかし最近ある特定のエスニック・グループがかぶることによって、その意味はひっくり返されている。それはアメリカの文化的支配に反対するメッセージを発している。またこの帽子の人気は明るい色やデザインにあるのか、それともクラブや階級の象徴としてなのか（農夫、トラック運転手、工場労働者がかぶる伝統的な帽子）、もはや明らかではない。スポーツ帽はアメリカの地方では一般的だが、しかし都市では、とくに後ろ前さかさまにかぶるときは社会的危機感のジェスチャーだったという。[12]しかしこの意味が知られるや、後ろ前逆の帽子は中産階級の流行に取り入れられてしまったのだ。ファッションの神は、対抗文化の服から攻撃力をも奪い取ってしまう。髪型についても同じことがいえる。丸坊主は軍隊風厳格さ、制度化された外見のパロディ、コム・デ・ギャルソンの例のように戦争の犠牲者という多義的な意味がある。ボディピアスや入れ墨は「原始的な」部族的実践の復権のようにも見えるが、数字や焼き印を犯罪者風に記号化するテクノカルチャーをも想起させる。[13]

ポレーマスによれば、ファッションをつねに更新して従属集団の文化《サブカルチャー》を表現することは、部族としての血統を表現することでもあるという。それはとくに、自己を主張せねばならない都市の中では重要なことである。からだに印を付けるのも伝統的な衣装も同じく自分を主張することだ。ポレーマスの考えによると、社会的アイデンティティの獲得こそが人間社会固有の特徴である。

部族の規範は人間本性の根幹であったし、それはこれからも変わらない。遠い祖先のように、この所属意識と仲間意識を経験しないならば、私たちは疎外感と虚無感を味わうものだ。戦後あきらかに加速した伝統的な社会集団の崩壊が、新しいタイプの社会集団、つまり路上の部族の出現と同時期に進行しているのは、偶然ではない。ヒップスター、テディボーイズ、モッズ、ロッカーズらが現れたのは、現代の生活にあまりにも欠けている共同体意識と共通の目的への欲求を満たすためなのだ[14]。

西欧社会でスタイルが増殖するのは、公共の場所の拡大によるものだろう。路上は、いまや数々のアイデンティティを区別し主張するための舞台となった。街路は現代の社会生活の一つの隠喩であり、すなわち「袋小路、どこかに入るほど大人でもなく金もないときに、行くところ」であり、「ほかのどこかにいる多くの人を誘惑する」もう一つの場所だ[15]。ストリートが表象しているのは「現実」である。そこには正真正銘の都市を生きる体験があり、文字通り、また比喩的にも、道の終わりには逃げられない真実が待っているのである。

都市を生きるためのファッション

スタイルは多くの人生を生きるための手段である。ファッションがもっとも効果を発揮するのは、商品の氾濫する社会環境であり、その商品すべてが新しい感覚との出会いを約束するときだ。ファッションを新しく購入すると、もれなく自己変身がついてくる。[16]ファッションによって、消費者は別の自分になり、あるサブカルチャーに所属し、他のスタイルから身を守ることができるのだ。ディック・ヘブディジもいうように、ファッションとは「排除のための武器」なのだから。[17]

W・F・ホーグは、「古いものはアウト、新しいものはイン」のマーケティング戦略の効果を分析し、流行のかわりに「美意識の更新」という言葉を使う。[18]消費者倫理を動かしているのは、必需品の形が変わるように、つねに美意識も新しくなるという思想である。流行という運動は「自然な」メカニズムと見なされ、それにしたがってすべてのものは永遠に変化し、時代遅れになり、価値が下がると交換する必要がうまれることになる。しかし美意識の革新にばかり目を向けると、ファッションを潜在的に動かしている経済現象としての側面をとらえそこなってしまうだろう。

さまざまな人々が自分の利害を追求する都市の雑踏では、つねに変化への欲求が喚起され、流行はこの環境の自然な性質のように見える。都市の生活は外見の重要性を強調することによって、おしゃれなものへの関心を高めていく。ファッションは社会の期待に応じて、身体を整え変身することを強いるかぎりで、フーコー的な意味での規律的な支配力だといえよう。ダイエットをし、化粧をほどこし、洋服を選び、アクセサリーをつけるに要する熟練は、美意識を更新し、つねに自己を再発明することが目的なのだ。従順な肉体というフーコーの概念には、おしゃれと生活様式が身体を商品へと変化させる技術となることが示されている。その生活の中にはファッション雑誌、ダイエット、ジムでのトレーニング、美容整形手術、健康減量施設など、身体管理にかんする都会の生活習慣が含まれている。身体は美意識が更新される場所となり、家族用乗用車に似て、時期が来れば買いかえるものになったのだ。商品のデザインを変えることは、とくにその使用価値を視覚価値と混合させて、その延命をはかることにある。「かっこいい」ことこそが価値なのだ。おしゃれな「かっこ」のできないひとは、外見テストに落第し、社会的地位を下げることになるだろう。都会の生活ではすべての人が見知らぬ人の視線に詮索され、自分のふるまいを監視して上達させていくことが大切である。

自己監視の規範は現代都市の特徴であり、それは服装にも映し出される。都市ではすべての人々がある一定の役割を演じるので、スタイルの多様化という考えはあまりにも一般的になり、玩具メーカー、マテル社は最大ヒット商品バービー人形の広告戦略にこれを使っているほどである。インゲボルグ・オシッケイは、バービー人形が少女たちに美容や洋服を教育することで、都市生活の条件としてのおしゃれを受容するように彼女たちを馴致することに一役買っているという。バービー人形が象徴する領域は、ファッションは女性に自明のことだという権力によって支配されている。バービーは、洋服をかえることで人格を変え、唇、髪、腕、足、爪などを強調することで各部分に分割される。現象として見ると、バービーの成功によって、三〇センチのモデルが永遠の青春を謳歌する現実の有名人であるかのような幻想がかきたてられる。彼女は現代女性の典型となる。企業で働き、パーティーが好き、ボーイフレンドがいて、ファッションを追いかける。バービー人形は、経済の中で女性という性をふり分けられた商品と、ファッション産業の製品として商品化された女性との、結合を形にしたものだ。

個性が近代の一つの問題ならば、ファッション産業が「人格」の生産に深く関わっていることもまた確かである。ステューシーやベネトンのような若者向けアパレルメーカーは、みんな地球という部族の一員であるという物語を繰り返し語るが、それによってエコロジー政治学、脱都会生活思想、旧来の資本主義が強力に一体化させられている。人間には本来的に所属への欲求があるという説や、巧妙なマーケティング戦略や消費者搾取だけでは、その人気を説明するのはむつかしい。多くの点で、ここにはファッションを論じるときの問題が要約されているといえる。これらの問題によってファッション論は、そもそも社会はいかに存立するのかという現代の難問へと再定義されるのだ。経済、心理、歴史、社会上の現象としてファッションを分析することによって、この問題はさらに深く探求されることになるだろう。

原注

（表記は順に著者名、発行年、引用ページを示す）

第一章　現代社会とファッション

1 以下を参照。Hume, 1995; Yanowitch, 1995a, b
2 Jameson, 1990
3 Hebdige, 1993: 82-3
4 Poggioli, 1968:79
5 Flügel, 1930; Lurie, 1992

第二章　ファッション論の系譜

1 Von Boen, 1932; Laver, 1969a; Bell, 1976
2 Bell, 1976
3 Ibid.: 15 に引用されたヴェブレンの言葉
4 Veblen, 1899
5 Bell, 1976: 21
6 Ibid.: 17
7 Ibid.: 18
8 Ibid.: 19
9 Simmel, 1904
10 Simmel, 1950: 340
11 Schilder, 1935; Douglas, 1973
12 Leach, 1958
13 Flügel, 1930
14 Bell, 1976: 95
15 Ibid.: 102
16 Von Boehn, 1932; Elias, 1978; 1983; Williams, 1982
17 Chenoune, 1993
18 Hollander, 1980: 347
19 Ibid.: 350
20 Ibid.
21 Hollander, 1980
22 Ibid.: 345
23 Brookes, 1992; Triggs, 1992
24 Hollander, 1980: 345
25 Ibid.: 346

26 Barthes, 1985
27 Hollander, 1980: 347
28 Ibid.: 345-6
29 Ibid.: 347
30 Ibid.: 351-2
31 Lipovetsky, 1994: 66
32 Hollander, 1980: 354
33 Bordo, 1993; Kellner, 1994
34 Bergler, 1953: 117-20
35 Fuss, 1992
36 Hollander, 1980: 355
37 Ibid.

第三章　衣服の意味を読むこと

1 Lurie, 1992
2 Davis, 1992: 7-8
3 Hollander, 1980; Lurie, 1992
4 Lurie, 1992: 244-5
5 Ibid.: 245
6 Ibid.: 121
7 Bathes, 1985; Lévi-Strauss; 1972
8 Davis, 1992: 6
9 Sahlins, 1976: 179-204
10 Davis, 1992: 91-2
11 Bourdieu, 1984
12 Laver, 1969a
13 Davis, 1992: 15
14 以下を参照。Ewen and Ewen, 1982; Goldman, 1992; Lipovetsky, 1994
15 Davis, 1992: 69
16 Lipovetsky, 1994: 124
17 Ibid.: 127
18 Davis, 1992: 25
19 Bell, 1976: 19
20 Davis, 1992: 77
21 Du Plessix Gley: 1981
22 Bourdieu, 1984
23 Davis, 1992: 66
24 Bell, 1976: 17
25 Ibid.: 62
26 Perrot, 1994
27 Baudrillard, 1993: 89

28 Wright, 1992
29 Ibid.: 53
30 Gaines, 1990
31 Ibid.: 181
32 Ibid.: 185
33 Ibid.: 188
34 Turim, 1990: 222

第四章　自己をつくり上げる

1 Simmel, 1950; 1971
2 Simmel, 1971: 296
3 以下も参照。Du Plessix Gley: 1981
4 Simmel, 1950: 340
5 Ibid.: 343
6 Ibid.
7 Ibid.: 343-4
8 Ibid.: 344
9 Simmel, 1971: 297
10 Ibid.: 300
11 Ibid.: 302
12 Ibid.
13 Barthes, 1985: 298
14 Simmel, 1971: 303
15 以下を参照。Wilson, 1985; Craik, 1994; Lipovetsky, 1994
16 Simmel, 1971: 307
17 Ibid.: 308
18 Ibid.: 310
19 Ibid.: 317-18
20 Ibid.: 313
21 Ibid.
22 Ibid.: 305
23 Ibid.: 321
24 Ibid.: 313-14
25 Ibid.: 322
26 Evans and Thornton, 1989: 62
27 Ibid.: 14
28 Lipovetsky, 1994
29 Ibid.: 71
30 Ibid.: 167
31 Goldman, 1992: 1-5
32 Rabine, 1994: 63

33 Lipovetsky, 1994: 79
34 Rabine, 1994: 64
35 Ibid.
36 Ibid.: 65
37 Ibid.: 66
38 Silverman, 1986
39 Ibid.: 149
40 Lipovetsky, 1994: 109
41 以下を参照。Garber, 1992

第五章　ジェンダー・セックス・ショッピング

1 Cahmi,1993: 29
2 Ibid.: 30
3 Zora, 1883
4 Miller, 1981
5 Bowlby, 1985
6 Zora, 1883: 10
7 Swanson, 1994
8 Cahmi, 1993: 39-43
9 Ibid.: 29 に引用されたフロイトの言葉（一九三三年）。
10 Ibid.: 29
11 Laver, 1937
12 Flügel, 1930
13 Bergler, 1987
14 Steele, 1985
15 Hollander, 1980
16 Lurie, 1992: 242-3
17 Hansen and Reed, 1986
18 Kunzel, 1982
19 Roberts, 1977; Finch, 1991
20 Silverman, 1986: 139-40
21 Lipovetsky, 1994: 109
22 Ibid.
23 Ibid.
24 Fuss, 1992
25 Ibid.: 713
26 Ibid.: 735
27 Spencer, 1992
28 Ibid.: 44
29 Garber, 1992
30 Ibid.: 44-5

31 Moers, 1960
32 Nixon, 1992
33 以下も参照。Reekie, 1992
34 Nixon, 1992: 162
35 Reekie, 1992: 188
36 Ibid.: 191
37 Ibid.: 192
38 Triggs, 1992: 25
39 Ibid.: 26
40 Griggers, 1990
41 Ibid.: 96
42 Ibid.
43 Ibid.: 77
44 ibid.: 86
45 ibid.: 87
46 ibid.: 100 に引用。

第六章　生活の美学と身体の抑圧

1 Cixous,1994
2 Ibid.: 95
3 Ibid.: 96
4 Ibid.
5 Ibid.: 95
6 Ibid.: 97
7 Rykiel,1994: 102-3
8 ibid.: 103
9 Ibid.: 107
10 Barthes, 1985: 273
11 Eco, 1986
12 以下を参照。Ribeiro, 1986
13 Ribeiro, 1992: 231
14 Ibid.: 233
15 Luck, 1992: 209
16 Ibid.: 210
17 Foucault, 1977
18 Wilson, 1992: 11
19 Ibid.: 12, 14
20 Shloss, 1994: 114
21 Ibid.: 123
22 Baudrillard, 1993
23 Lipovetsky, 1994: 132
24 Giroux, 1993-4

25 Wilson, 1992

第七章　メッセージとしてのドレス

1 Rolley, 1992: 37; Leaska and Phillips, 1989: 115
2 Rolley, 1990
3 Ash, 1992: 184
4 Bourdieu, 1984
5 Ibid.
6 Baudrillard, 1993
7 Coward,1984: 29
8 ibid.: 30
9 Partington, 1992
10 Ibid.: 149
11 Ibid.: 151
12 Hebdige, 1979, 1988; Appadurai, 1990
13 Davis, 1992: 199

第八章　消費社会とモードの歴史

1 Taylor, 1992: 135
2 Ibid.: 128-9
3 Ibid.: 131
4 Ibid.
5 Lipovetsky, 1994
6 Age, 1994: 16
7 Shields,1992: 168n20
8 McCracken,1988
9 Braudel, 1973; Mukerji, 1983; McKendrick, 1982; Williams.: 1982
10 McCraken, 1988: 12-13
11 Braudel, 1973
12 Mukerji, 1983
13 McCraken, 1988: 15-18
14 McKendrick, 1982: 1
15 McCraken, 1988: 19
16 Zora, 1883; Miller, 1981; Williams, 1982
17 Moers, 1960
18 McCraken, 1988: 27
19 Simmel, 1971a
20 Simmel, 1978
21 Veblen, 1899
22 Bowlby, 1985
23 Steele, 1992: 122

24 Ibid.: 118-26
25 Ibid.: 119
26 Ibid.
27 以下を参照。Cross, 1993
28 Baudrillard, 1981; Lefevre, 1971; Debord, 1970
29 Baudrillard, 1988: 45
30 Ibid.: 29
31 Ibid.: 43-4
32 以下も参照。Goldman, 1992; Marchand, 1985; Raymond Williams, 1980
33 Blumer, 1969
34 Douglas and Isherwood, 1978; Daniel Miller, 1987
35 Leopold, 1992: 115

第九章　反抗する都市のスタイル

1 Lurie,1992: 103
2 Pohlemus, 1994: 15
3 Ibid.
4 Kellner, 1994: 116
5 Ibid.: 162
6 Ibid.: 162-3
7 Simmel, 1950: 409-24
8 Luck, 1992、Reibeiro, 1992
9 Shloss,1994
10 Butler, 1993: 129
11 Ross, 1994: 286
12 Ibid.: 288
13 Ibid.: 295-6
14 Pohlemus,1994: 14
15 Ibid.: 7
16 DeLibero,1994: 46
17 Hebdige, 1988: 110
18 Haug,1986: 41-2

訳注

8ページ　ファッションジャーナリズムと「スリープ」コレクション＝ニューヨークタイムズ・マガジンのホリー・ブルーバックは、いかにメディアがこのスキャンダルを捏造していったかを描いている。それによれば、インターナショナル・ヘラルド・トリビューン紙とル・フィガロ紙に最初に批判が出てから、コレクションを反ユダヤ人的と決めつける文章が続々と発表されたという。これらの記事はエスカレートして、モデルが坊主頭でやせおとろえており、パジャマには認識番号が押され、軍靴で蹴られたような足跡が押されていたと書き立てた。しかし「実はストライプの衣服には番号は入っていなかったし、モデルの多くはロングヘアだったし、足跡はスニーカーの靴底だった」と、ブルーバックは述べている。

10ページ　オートクチュール＝婦人用の高級仕立て服を意味する。顧客がそのシーズンのデザインの中から気に入ったものを選び、熟練職人が顧客の身体のサイズにしたがって、高級な素材や装飾品を用いて縫製するというシステムによって作られる衣服。一九世紀にフランス上流社会で誕生したが、現在ではあまりに高価なので顧客も少なく、既製服をベースにして価格を下げたプレタポルテ（高級既製服）がパリモード界でも主流となっている。そのためオートクチュールはブランドのステータスシンボルとして香水など関連ライセンス事業のためのイメージ作りの役割を担い、話題性を狙った斬新で、高級感のあるコレクションを発表する。しかしながらプレタポルテのショーでも宣伝効果は十分あり、むしろショッキングなデザインはこちらの方からよく提示されるようだ。ここで言及されているコム・デ・ギャルソンやヴィヴィアン・ウエストウッドはオートクチュールではなくプレタポルテに分類される。

10ページ　セックス、セディショナリーズ、ワールズエンド＝シチュアニズム（パリ六八年革命に影響を受けた左翼的文化運動で、芸術と生活の一体化を標榜し、さまざまな前衛アートをつくり出した）から影響を受けた文化プロモーター、マルコム・マクラレンとその当時のパートナー、ヴィヴィアン・ウエストウッドがロンドンのキングスロードに開いたブティック。ここからポップカルチャーの力と政治性を利用し、中流社会的な価値観や性道徳を攻撃する独自のスタイルが発信された。マクラレンはショップに出入りする若者たちを集めてパンクバンド、セックスピストルズを結成し、そのステージ衣裳に店の衣服を身につけさせた。その結果キングスロードにロンドン中の若者が集まるようになり、パンクムーブメントの中心地となる。

21ページ　これ見よがしに金を使う＝この言葉（conspicuous consumption）は経済学では「衒示的消費」と訳されている。見せびらかすために消費すること。

32ページ　ズートスーツ＝一九三〇年代から四〇年代にかけて、アフリカ系アメリカ人やメキシコ系アメリカ人の若い男性に流行したスタイル。派手な色の膝まで届く大型ジャケットを着てぶかぶかのズボンをはき、大きなハットをかぶるもの。キャブ・キャロウェイのようなジャズミュージシャンのスタイルとして有名。しかし白人社会はこれに反発し、戦時中の割り当て制度を背景にズートスーツは非国民という認識を広めた。やがて市民や兵士たちが彼らを待ち伏せして無理矢理服を脱がせるなどの暴行を働くようになり、鬱屈したメキシコ系アメリカ人たちと警察との間で衝突がおこり、その暴動はロサンジェルスからアメリカ各地へ拡大していった。

57ページ　文化資本＝フランスの社会学者ピエール・ブルデューの提唱する概念。現代社会においては貨幣や不動産などの経済的資本、社会的地位や出身階級だけでなく、教育や趣味（音楽、ファッション）、ライフスタイルなど学習して身につける文化的資本もまた現行の社会制度を維持し特権階級を再生産することに貢献する。文化消費においても文化資本をめぐる階級間の象徴的闘争が行われていると指摘した。

70ページ　身体の成形・自己の成形＝fashioned body/fashioned self。ここで使われるファッションとは衣服や流行のことではなく、「つくり出す」「変形する」という意味の動詞。フィンケルシュタインは著書『つくり出された自己（The Fashioned Self）』の中で、外見やファッションが社会的地位や階級の記号ではなくなった近代社会においては、外見が個人の人格と結びついてゆき、外見をつくり上げること（ファッション、化粧、ダイエット、整形手術など）がすなわち自己をつくり上げることになっていく過程を数々の事例から研究した。「成形」という訳語については大阪大学の鷲田清一先生よりご教授いただいた。

77ページ　パンク、ニューロマンティクス、ラスタ、ロカビリー＝いずれも若者文化から生み出されたファッションスタイル。パンクは一九七〇年代後半ロンドンに登場し、ボンデージパンツやＳＭファッション、レザーの革ジャン、どぎついメイク、逆立てた髪の毛などを特徴とするスタイルで、アナーキー（無政府主義）や虚無主義を気取った。ニューロマンティクスはパンクのあとに登場し、七〇年代のデビッド・ボウイのように派手なメイクや衣裳をつけて、ディスコやクラブに繰り出す若者たちで、のちのカルチャークラブのボーイ・ジョージもその一人だった。ラスタはジャマイカの宗教・政治思想ラスタファリアニズム（白人が支配する現代社会にたいしてエチオピアをユートピアとして対置し、理想郷の到来を唱える）に由来し、七〇年代にレゲエミュージックを媒介にしてジャマイカのキングストンや、イギリスの西インド諸島の移民が広めたスタイル。ドレッドロックスという髪型、赤黄緑の色（エチオピアを象徴する）をシンボルにする。ロカビリーはもともと五〇年代のアメリカのティーンズのスタイルで、プレスリーをはじめロカビリー歌手（黒人のジャズ、R&Bと白人のカントリーミュージックの結合）やジェームス・ディーンに影響されたリーゼントの髪型やいわゆるマンボパンツをはいたりするアメリカの不良スタイル。七〇年代にイギリスや日本でもリバイバルし、大きなブームとなった。

85ページ　サヴィルロー＝ロンドンの中心部にあり、高級紳士服店の集中する通り。いわゆる英国紳士のためのスーツをつくり出してきた伝統があるため、フォーマルで上等な背広の代名詞となっている。「背広」はサヴィルローが日本語化したもの、という説もある。

90ページ　『淑女の娯しみ』＝原題は Au Bonheur des Dames。実在する百貨店ボン・マルシェをモデルにした百貨店オ・ボヌール・デ・ダームを舞台に、そのやり手経営者オクターヴ・ムーレと田舎からパリに出てきた売り子ドニーズのロマンスを縦軸に、当時のフランスの近代的な都市空間と消費空間が誕生し、女性たちが消費者として巻き込まれていくさまを描く。もっとも百貨店が女性に与えた影響については、否定的な面だけでない。それまで家庭という私的な空間に幽閉されていたブルジョア階級の女性たちが、女性だけで（父・夫の同伴なしに）出ていくことのできた数少ない公共空間として、また見られるだけでなく他の女性たちや商品をおおっぴらに見ることで自らの主体性を獲得する空間として、百貨店は一定の役割を果たした。

94ページ　パフォーマンス・仮面（masquarade）＝いずれも女性らしさやジェンダーが生得的なものではなく、社会的・心理的に構成された「演じられる」ものであることを表現する概念。初期の精神分析学者ジョーン・リヴィエールは、「女らしさ」を生得的な女性性なるものがあるかのように見せかける社会的構築物として、仮面やヴェールという概念を用いて、本来的な女性らしさなどはなく、ただ女性に一定の社会的役割を強制する社会的実践があるにすぎないと分析した。この議論は女性性を生物学的な本質主義からではなく、女性が演じるものとして論じ、フェミニズム理論の先駆的主張の一つとなる。一方、パフォーマンスは「異性愛が強制される文化」を批判するジュディス・バトラーが、固定化された制度としてのジェンダーを批判するために使う用語。彼女はトランスベスティズム（異性装）にジェンダー制度を転倒する可能性を見ている。

96ページ　フリューゲル＝二〇世紀初頭のドレス改革運動を指導した心理学者で、精神分析を使ってファッションを分析した最初期のファッション心理学の古典『衣服の心理学』（一九三〇年）で有名。一八世紀終わりに男性の服装から装飾がなくなり、地味なスーツへと画一化されていく現象を、男性が美しさを断念したとして「男性の偉大な放棄（The Great Masculine Renunciation）」と名付けた。ここで言及されているファッションの発展とからだの部位の性欲化の議論とは、フロイトが『性理論三篇』で展開した、幼児期にからだの一部をコントロールする体験において、性欲がこれらの部位とかかわって段階的に発展し（口唇、肛門、性器）、性的指向が構成されるという理論を受けて、ファッションに応用したもの。

104ページ　ヴァンピリズム＝ダイアナ・フスはフロイト、ラカン、クリステヴァなどの精神分析理論を使って、雑誌や広告のファッション写真の表象と、女性がそれをどう読むかを分析する。フスによると、女性がファッション写真における女性表象を鑑賞する態度には、窃視症的な態度（対象から自分を切り離して観察する）、ナルシスティックな態度（対象に同一化する）、ヴァンピリスティック（吸血鬼的＝対象との分離と同一化を同時に行う）の三つがあるという。ヴァンピリズムとは「反転した同一化作用」であり「他者を内面化することで、同時に自らをその他者へと再生産する」やり方であり、これによってファッションの制度は、女性読者にファッション写真の女性を欲望することなくその女性と同一化するように仕向ける。ところがそれをするためにはまず読者の中にレズビアン的欲望をつくり出すことになるというもの。フスにはゲイ・レズビアン理論のアンソロジー『inside/out』という編著書がある。

106ページ　ニューマン＝八〇年代後半にイギリスのメディア（広告や男性ファッション雑誌）に登場した男性のイメージ。かつては見られる存在＝受動的＝女性という図式だったが、伝統的な男性像と違って自分を見られる存在として意識したポーズをとる男性イメージが増加したという現象。こうした受動的でナルシスティックな男性像が登場した理由については、フェミニズムの影響などいくつかの説明がある。社会学者シーン・ニクソンはニューマンを八〇年代消費空間の変容と関連させ、新しい男性の表象が構築されたことを指摘する。

108ページ　ボー・ブランメル＝稀代のダンディとして知られたジョージ・ブライアン・ブランメルのこと。ブランメルは一七七八年平民の家に生まれたが、その卓越したスタイルによってロンドン社交界の寵児となり、摂政皇太子ウェールズ公（後のジョージ四世）に引き立てられた。そのスタイルは華美を避け、当時としては平凡な黒、紺と白のモノトーンのフロックコートにベスト、半ズボンだったが、その仕立てと着つけに最大限の情熱を注ぎ、だれもマネのできない洗練されたスタイルを作り上げた。すべてにおいて超然とした態度を崩さず、ジョージ四世も彼の批評をもっとも気にかけたという。

133ページ　クイア＝これまでクイア（queer）は侮蔑的な意味合いをもって「おかま」などと訳されているが、近年英米ではクイアセオリーの盛り上がりのなかで、むしろ肯定的な意味でとらえられるようになってきた。この概念はゲイ、レズビアンの運動の台頭とともに、ジェンダーアイデンティティそのものを流動的にとらえようとする意図を持つ。

140ページ　ごたまぜ＝ここでいう「ごたまぜ・折衷（pastiche）」とはフレドリック・ジェイムソンやジャン・ボードリヤールによるポストモダン文化論のキーワードで、「風刺の意図なしに過去のスタイルを使うこと」（ジェイムソン）。ポストモダン文化（建築、芸術、映画など）においては、過去の様式をほとんど批判や批評することなく現在に流用する方法がよく見られた。ボードリヤールは『象徴交換と死』において、「ファッションとはつねにレトロである」、それはいつも過去の形式を「そっくりそのまま再利用する」と表現している。このパスティーシュという方法論は、過去のスタイルの引用でなりたっているファッションの世界にはとくにあてはまる。

142ページ　グランジ、ニューエイジファッション＝いずれも消費志向の八〇年代の風潮にたいするアンチテーゼとして九〇年代に登場した若者スタイル。グランジはシアトルのオルタナティブ系ロックバンド、ニルバーナらグランジロックのミュージシャンのスタイルとして注目された。よれよれのネルシャツ、Tシャツを重ね着し、ブーツなどを履く、だらしないファッション。ニューエイジとは東洋のオカルトや神秘主義思想のことだが、こうした思想に共感しエコロジー意識のある若者たちのスタイルは、かつてのヒッピーの影響を受けている。なかでもスクォッティング（不法占拠）をしたり、田舎に行って生活をするなど定住しない者はニューエイジ・トラベラーと呼ばれる。

146ページ　対抗ファッション＝ディック・ヘブディジは著書『サブカルチャー』において、戦後イギリスの若者サブカルチャーを記号論的に分析し、サブカルチャーのスタイルには主流文化・支配階級の価値を転倒する可能性があると主張した。彼によれば、労働者階級の若者たちが消費革命やアメリカ文化の影響下からする様々なスタイルには、階級や人種や都市の問題が反映されているという。たとえば六〇年代に労働者階級のモッズの若者たちはスーツを着ることで、スーツという上流階級の記号の意味を流用（転倒）し、またジャズやスカを聞くことで黒人たちとも連帯していた。これは記号論的には、主流文化への反抗と解釈できる。しかし、のちにヘブディジはこの立場がきわめて主観的な分析だったと反省することになる。

170ページ　象徴的相互作用＝不安定な都市生活において、自分の価値観を相手に提示し、相手から承認されたり拒否されたりする相互作用のなかで自分のアイデンティティを形成していく過程のこと。個人の意味世界と相互コミュニケーションの重要性を強調する社会学の理論。

175ページ　ロッカー、サーファー、ゴス、ヒップスター＝いずれもイギリスとアメリカに出現した若者サブカルチャー。ロッカーズは六〇年代にイギリスに登場したアメリカのロック、バイクカルチャーに影響を受けた若者たち。リーゼントの髪にライダースジャケットやジーンズを身につけて、バイクを乗り回す。同時代のモッズ（こちらはスーツ主体のスタイル）としばしば衝突し、イギリス社会に大きなモラルパニックがおこった。サーファーは五〇年代以降にアメリカの西海岸を中心に登場したが、サーフィンによる自然との一体感を何よりも重視するため、すべてを投げ捨ててサーフィン中心の生活にはまる若者たちのこと（日本で七〇年代に流行し、ファッション化したサーファーとは違う）。ゴスはパンクやニューロマンティクスの流れを受けて七〇年代から八〇年代にロンドンに出現したグループで、黒を中心とした吸血鬼や魔女を想起させるスタイル（ゴスはゴシックの略）。ヒップスターは五〇年代アメリカのハーレムのジャズミュージシャンが生みの親で、スーツを粋に着こなし、ベレー帽などをかぶるもの。

181ページ　レ・バルビュス、サンシモン主義者、若きフランス＝いずれも一九世紀パリに登場したボヘミアンの若者たちのグループ。フランス革命後のブルジョア市民社会の到来において、その「中流」的価値観や政治に幻滅したアーティスト、作家、詩人らのグループは、古代ギリシアや中世からモチーフを得た衣服をつくり出して、体制にたいする批判や不満を表明した。これらの動きはボードレールらロマン主義の芸術家にも大きな影響を与える。

訳者あとがき

本書はJoanne Finkelstein, "After a Fashion," (Victoria: Melbourne University Press, 1996) の全訳である。著者ジョアン・フィンケルシュタインはアメリカ、オーストラリア、ニュージーランドで社会学、カルチュラル・スタディーズの教鞭を執り、大衆文化や消費社会をテーマとした評論・研究書をいくつものしているが、日本への紹介は本書がはじめてである。

ファッション研究書としての本書の最大の特徴は、社会現象としてのファッションに光をあて、さまざまな学問領域を横断しながらこれを解き明かしているところだろう。その関連分野は社会学、カルチュラル・スタディーズ、ジェンダー研究、メディア研究、文化人類学に歴史学、美術・ファッション史、記号論、マーケティング論までにわたり、読者はきわめて大きなパースペクティブからファッション現象の全体像を俯瞰することになる。ここで取りあげられる視点をいくつかあげると、ヴェブレンやジンメルによる近代社会論、ブルデューの現代社会論、バルトやレヴィ＝ストロースの構造主義・記号論、ボードリヤールやジェイムソンのポストモダン文化・消費社会論、精神分析、フェミニズム、ゲイ・レズビアン理論などがあるが、これを見ても本書がいかに多様なアプローチをもつものかおわかりいただけよう。

また抽象的な議論に終始するのではなく、具体的な事例が数多く取り入れられていることも見逃せない。コム・デ・ギャルソン、ヴィヴィアン・ウエストウッド、ソニア・リキエル、ココ・シャネルなどのファッションデザイナー、パンクやラスタなどのストリート・スタイル、百貨店ボンマルシェの歴史、ファッション雑誌、映画や写真家ダイアン・アーバスなどのさまざまなエピソードとともに、文化としてのファッションの世界を実際に知ることができる。著者は該博な知識を駆使して、ファッションを知らない学者にありがちな理論をつぎはぎしただけの不毛な議論にとどまることなく、理論と諸事象を生き生きと結びつけることに成功している。

本書はもともと「インタープリテーションズ」というシリーズの一冊だが、これは人文・社会科学の最新理論をわかりやすく大学の学部学生に紹介することを目的にした叢書であり、本書もまたとくに専門的な知識がなくとも読み進められるように工夫されている。ファッション理論のさまざまな先駆的著作とともに最先端の研究を概観しながら、現代社会におけるファッションの問題がどう論じられるか、どんな課題があるのかを知るための入門書として手に取っていただきたい。

とはいうものの、本書はファッション研究なる理論と実践の全体像をコンパクトに整理した上で、順序立ててやさしく知識を伝授するテキストのようなたぐいの入門書ではない。いくつかの理論はなんの説明もなく突然登場し、初学者にははたしてなにが語られているのかよく見えてこない。たとえばジュディス・バトラーのパフォーマティブ論やラカンやクリステヴァを使ってファッション写真を分析したダイアナ・フスの議論など、もともと難解な話が十分な説明もなく引用されている場合は、そもそもの議論のコンテキストからして理解せねばならなかったりする。テーマによっては著者の判断が留保され、明確な結論が提示されないこともある。またジェンダーと消費社会のように同じテーマが章を変えて何度も登場する場合もあれば、逆に身体論・現象学など顧慮されていない領域もある。

しかしよく考えてみれば、もともとファッションは狭い学問領域を越えて存在する広範囲な現象であり、同じテーマでも視点を変えれば何度も議論されて少しも不思議はない。むしろ著者のまなざしはファッションのさまざまな現れを分析しながらも、繰り返し同じ主題に立ち返っているように思われる。その意味で本書の目指すところは、けっして教科書的な啓蒙でも知と軽快に楽しく戯れることでもなく、一貫した問題意識をあくまでも考え抜こうとすることであろう。

それでは著者が繰り返し立ち返る基調的なテーマとはなんなのだろうか。ここでは仮に「近代社会におけるファッションの意味」、「つくり上げる自己」、「ジェンダーとファッションの関係の再考」という三つに整理してみよう。もちろんこれ以外にも消費社会、都市空間、メディア論など重要なポイントが提起されていることは言うまでもない。したがってこれはあくまでも訳者から見た問題意識の一端にすぎないが、本書を読み解く一つの手がかりとして簡単に触れておきたい。

まず第一に、近代社会においてファッションがどんな意味を果たしてきたのかという問いである。本書を一読すれば、ソースティン・ヴェブレンとゲオルク・ジンメルという二人の思想家の名前が特権化され、繰り返し言及されることに気がつく。彼らのファッション理論の違いを単純化すると、ファッションを個人が社会階層の中に自分を位置づけるための記号とみなすか、むしろ他者との差異を求める人間的な欲求の現れとみなすかである。流行は衣服が階級の徴表ではなくなった近代社会において出現したものだが、彼らはちょうどその成立の現場に立ち会って、ファッションの意味を見極めようとしたのである。流行を政治経済的なマクロの視点からとらえたヴェブレンと、個人の心理的な欲求・表現というミクロな視点からみたジンメル。もちろん彼らの議論は一九世紀末から二〇世紀初頭にかけての欧米社会の現実にもとづいており、いま見ると時代の限界が露呈している観がないわけではない。しかし私たちがファッションを社会現象として考えるとき、気がつくといつも彼らと同じ場所に立っているという意味でいまなお看過できないテーマである。

第二に、ファッションが自己とどう関係するのかというテーマだ。フィンケルシュタインには『つくり出された自己（The Fashioned Self）』という著作があり、これは一九世紀の都市社会の誕生とともに、いかに外見が社会的地位から個人の内面や個性の現れと結びつけられていくようになったかを、ファッションだけでなく、当時成立した人相学（Physiognomy　顔の表情など身体的特徴から個人の性格を判断する学問）などのさまざまな事例から実証した研究である。ここで著者はミシェル・フーコーやリチャード・セネットと同じく、私的な領域である個性や性格が近代社会の成立とともに外在化・公共化していく過程を分析する。これは現代の私たちの生活において外見が占めている重要性を鑑みて、自我とか自分らしさ（女らしさや男らしさもふくめて）なるものが固有の生得的なものではなく、歴史的に構築されてきたものであるという文化的相対主義の伝統に立っている。こうした構築主義的な問題意識もまた本書に繰り返し登場するだろう。

そして最後に、ジェンダーとファッションの関係についての議論である。本書には英米のフェミニズム・メディア研究の成果が多く活かされている。そもそも女性とファッションとの関係はつねに両義的だ。一方でフェミニズムの問題意識において、ファッションは女性のセクシュアリティを不当に搾取する家父長制社会や消費社会の道具と見なす基調がある。一九世紀のコルセットやクリノリンなどの身体拘束ファッションにたいするアメリア・ブルーマーらのドレス改革運動から、最近でも『美の陰謀』を著したナオミ・ウルフにいたるまで、女性（最近は男性も）が外見を整えることに汲々とせねばならないことにたいしてフェミニストは一貫して批判的である（もっとも最近はエリザベス・ウィルソンのようにファッションの抑圧的役割を認めつつも、自己表現の手段として肯定的に評価しようとするフェミニストも増えている）。その一方で精神分析や文化史の研究にもとづいて、ファッションが身体的快楽・心理的喜びをもたらすことを強調する立場（とくにスティール、ホランダーらファッション史家たち）も登場している。本書でもジェンダーの抑圧装置と自分を表現し解放するメディアという二つのファッション解釈をめぐって、さまざまな議論が紹介される。それはひいてはジェンダーとアイデンティティの問題、異性装によってジェンダー制度を転倒する可能性にも言及される（ジュディス・バトラー）。だが著者はこの問題についても一つの結論を出してはいない。簡単に結論の出ないこの問いを考えていくのは、読者である私たちということなのだろう。

近年わが国でもファッションの学的な可能性を真剣に探求しようとする風潮が高まりつつあ

る。もちろんこれまで長い間衣服や服飾史についての研究や、ファッションデザインやビジネスの教育はなされてきたが、この数年はファッションを学際的に考えていく動きが目立ってきた。「ファッション学」や「ファッション環境学」という言葉が耳にされるようになり、さまざまな分野の研究者がファッションを論じた著作や翻訳も増えてきた。英米圏でも学術雑誌「ファッション理論（Fashion Theory）」創刊をはじめ、次第にこの分野へと関心が向けられつつあるように見える。

さまざまな分野の人々がいままでの枠組みを越え出て交流をはかることは喜ばしいことである。しかしその一方でファッションは社会のきわめて広い範囲に見られる現象であり、その研究についての関心も領域も多岐にわたるため、なかなか明確な全体像を描けないという問題もでている。しかも右に述べたような動きはまだ限られたもので、一般には（また学問の世界でも）いかにも表面的で軽蔑するべきものに対して「ただのファッションでしかない」などと平気で口にしたり書いたりする人々が後を絶たないからには、ファッションにたいする社会的な偏見や抵抗感はまだまだ根強いというべきだろう。ようやく本格的なファッション研究が始まったかと思うと、たちまちにして失速し、空中楼閣となる可能性もあながち否定できない。もちろん関連領域を無理矢理一つのカテゴリーに統合する必要はまったくないが、これからのファッション研究の課題の一つは、多様な学的関心を横断しながらも一貫性のある理論を構築することなのである。

本書は訳者がファッション論の勉強を始めたときに、大きな刺激となった一冊である。本訳書が日本のファッション研究の現状になにがしかの役割を果たしたり、また読者がファッションという現象に関心をもって他の書物を繙き、自ら考えることの一助ともなれば、訳者としてこれ以上嬉しいことはない。


なお本訳書は原著者に了解をいただいた上で、二つの変更を行っている。一つは読みやすいように、各章の文章を適当な長さで区切り、小見出しをつけたこと。またもう一つは本文に対応するような図版を入れたことである。以上はいずれも原著には存在せず、本訳書にのみ加えられた点である。訳出にあたっては、なるべく平易な日本語を心がけ、同じ単語も文脈によって訳し分けている（たとえば fashion は、「ファッション」「流行」「衣服」「おしゃれ」「成形」など）。また各章のタイトルも原文は慣用句などを用いた気の利いたものだが、翻訳にあたってはより内容がわかるように翻案した。以上の変更についてご快諾下さり、訳者の問い合わせにも応じて下さったジョアン・フィンケルシュタインさんに感謝するとともに、読者諸賢のご批判、ご指摘を仰ぎたい。

最後になったが、本書を訳出する機会を与えて下さり、訳稿にも適切なアドバイスをいただいたせりか書房の船橋純一郎さんに深く感謝いたします。すぐにでもやるようなことをいいながら逃げるようにロンドンに去ってしまい、大変ご迷惑をおかけししました。またせりか書房にご紹介いただき、その後も進捗を気にかけて下さった中沢新一先生にもこの場を借りて、心よりお礼を申し上げます。

訳者

一九九八年十月　ロンドン

索引

ア―オ

カ―コ

サーソ

ター卜

ナーノ

ハ—ホ

マ—モ

ヤ—ヨ

ラ—ロ

参考文献

Ackroyd, Peter (1979) *Dressing Up*, London: Thames and Hudson.

Age, Extra, 19 November 1994, p.16.

Appadurai, Arjun (ed.) (1986) *The Social Life of Things: Commodities in Cultural Perspective*, Cambridge: Cambridge University Press.

—— (1990) 'Disjuncture and Difference in the Global Cultural Economy', Public Culture 2, 2, Fall, pp.1–24.

Ash, Juliet (1992) 'Philosophy on the Catwalk: The Making and Wearing of Vivienne Westwood's Clothes' in Wilson and Ash (eds.) *Chic Thrills*, pp.167–85.

Bacon, Francis (1974) *The Advancement of Learning and New Atlantis*, Oxford: Clarendon Press [1627]. フランシス・ベイコン、『ニュー・アトランティス』(中野好夫訳)、思索社、1949 年。

Barthes, Roland (1985) *The Fashion System*, New York: Jonathan Cape [1967]. ロラン・バルト、『モードの体系』(佐藤信夫訳)、みすず書房、1972 年。

Bartky, Sandra (1988) 'Foucault, Femininity, and the Modernization of Patriarchal Power' in Irene Diamond and Lee Quinby (eds.) *Feminism and Foucault*, Boston: Northeastern University Press, pp.61–86.

Baudrillard, Jean (1981) *For a Critique of the Political Economy of the Sign*, St Louis, Missouri: Telos Press [1972]. ジャン・ボードリヤール、『記号の経済学批判』(今村・宇波・桜井訳)、法政大学出版局、1982 年。

—— (1988) *Selected Writings*, Oxford: Polity.

—— (1990) *Revenge of the Crystal*, Sydney: Pluto Press and Power Institute.

—— (1993) *Symbolic Exchange and Death*, London: Sage [1976]. ジャン・ボードリヤール、『象徴交換と死』(今村仁司・塚原史訳)、筑摩書房、1982 年。

Bell, Quentin (1976) *Of Human Finery*, London: Hogath Press [1947].

Benstock, Shari and Suzanne Ferriss (eds.) (1994) *On Fashion*, New Brunswick, New Jersey: Rutgers University Press.

Bergler, Edmund (1987) *Fashion and the Unconscious*, New York: Robert Brunner [1953].

Blumer, Herbert (1969) 'Fashion: From Class Differentiation to Collective selection', *Sociological Quarterly* 10, pp.275–91.

Bordo, Susan (1993)'"Material Girl": The Effacements of Postmodern Culture' in Cathy Schwichtenberg (ed.) *The Madonna Connection*, Sydney: Allen and Unwin, pp.265–90.

Bourdieu, Pierre (1984) *Distinction: A Social Critique of the Judgment of Taste*, Cambridge, Massachusetts: Harvard University Press [1979]. ピエール・ブルデュー、『ディスタンクシオン』(石井洋二郎訳)、藤原書店、1990 年。

Bowlby, Rachel (1985) *Just Looking: Consumer Culture in Dreiser, Gissing and Zola*, London: Methuen. レイチェル・ボウルビー、『ちょっと見るだけ』（高山宏訳）、ありな書房、1989 年。

——(1993) *Shopping with Freud*, London: Routledge.

Braudel, Fernand (1973) *Capitalism and Material Life 1400-1800*, New York: Harper and Row [1967]. フェルナン・ブローデル、『物質文明・経済・資本主義 15 − 18 世紀』（山本淳一・村上光彦訳）、みすず書房、1985、86、88 年。

Brookes, Rosetta (1992) 'Fashion Photography: The Double-Page Spread: Helmut Newton, Guy Bourdin and Deborah Turbeville' in Wilson and Ash (eds.) *Chic Thrills*, pp.17 〜 24.

Burgin, Victor, James Donald and Cora Kaplan (eds.) (1986) *Formations of Fantasy*, London: Routledge.

Butler, Judith (1993) *Bodies that Matter: On the Discursive Limits of "Sex"*, New York: Routledge.

Camhi, Leslie (1993) 'Stealing Femininity: Department Store kleptomania as Sexual Disorder', *differences* 5, 1, pp.26–50.

Carlyle, Thomas (1831) *Sartor Resartus: The Life and Opinions of Herr Teufelsdröckh*, London: Curwen Press. トマス・カーライル、『衣服哲

学』(石田憲次訳)、岩波書店、1946 年。
Chapman, Rowena and Jonathan Rutherford (eds.) (1988) *Male Order: Unwrapping Masculinity*, London: Lawrence and Wishart.
Chenoune, Farid (1993) *A History of Men's Fashion*, London: Flammarion Thames and Hudson.
Cixous, Hélène (1994) 'Sonia Rykiel in Translation' in Benstock and Ferriss (eds.) *On Fashion*, pp.95–9.
Coleridge, Nicholas (1988) *The Fashion Conspiracy*, London: William Heinemann.
Coward, Rosalind (1984) *Female Desires: How They Are Sought, Bought and Packaged*, London: Paladin.
Craik, Jennifer (1994) *The Face of Fashion*, London: Routledge.
Cross, Gary (1993) *Time & Money: The Making of Consumer Culturre*, London: Routledge.
Csikszentmihalyi, Mihaly and Eugene Rochberg-Halton (1981) *The Meaning of Things: Domestic Symbols and the Self,* Cambridge: Cambridge Univbersity Press.
Davenport, Millia (1952) *A History of Costume*, London: Thames and Hudson [1948].
Davis, Fred (1992) *Fashion, Culture, and Identity*, Chicago: University of Chicago Press.
de Certeau Michel (1984) *The Practices of Everyday Life*, Berkeley, California: University of California Press. ミシェル・ド・セルトー、『日常的実践のポイエティーク』(山田登世子訳)、国文社、1987 年。
Debord, Guy (1970) *The Society of the Spectacle,* Detroit: Black and Red [1967]. ギー・ドゥボール、『スペクタクルの社会』(木下誠訳)、平凡社、1993 年。
DeLibero, Linda (1994) 'This Year's Girl: A Personal / Critical History of Twiggy' in Benstock and Ferriss (eds.) *On Fashion*, pp.41–58.
Douglas, Mary (1966) *Purity and Danger*, London: Routledge and Kegan Paul. メアリ・ダグラス、『汚穢と禁忌』(塚本利明訳)、思潮社、1995 年。
——(1973) *Natural Symbols*, Middlesex: Penguin.

Douglas, Mary and Baron Isherwood (1978) *The World of Goods: Towards an Anthropology of Consumption*, Middlesex: Penguin. メアリー・ダグラス、バロン・イシャウッド、『儀礼としての消費』(浅田彰・佐和隆光訳)、新曜社、1984 年。

du Plessix Gray, Francine (1981) 'The Escape from Fashion', *Dial* 2, 9, pp.43–7.

Eco, Umberto (1986) 'Lumbar Thoughts' in *Faith In Fakes*, London: Secker and Warburg, pp.191–5.

Eilas, Norbert (1978) *The Civilizing Process*, New York: Urizen [1939]. ノルベルト・エリアス、『文明化の過程』(吉田・中村・波田他訳)、法政大学出版局、1977、78 年。

—— (1983) *The Court Society*, Oxford: Blackwell [1969]. ノルベルト・エリアス、『宮廷社会』(波田・中埜・吉田訳)、法政大学出版局、1981 年。

Evans, Caroline and Minna Thornton (1989) *Women and Fashion,* London: Quartet.

Ewen, Stuart and Elizabeth Ewen (1982) *Channels of Desire: Mass Images and the Shaping of American Consciousness*, New York: McGraw-Hill. スチュアート・イーウェン、エリザベス・イーウェン、『欲望と消費』(小沢瑞穂訳)、晶文社、1988 年。

Featherstone, Mike (1991) *Consumer Culture and Postmodernism*, London: Sage.

Finch, Casey (1991) '"Hooked and Buttoned Together": Victorian Underwear and Representations of the Female Form', *Victorian Studies* 34, 3, pp.337–63.

Finkelstein, Joanne (1991) *The Fashioned Self*, Oxford: Polity.

Flügel, John Carl (1930) *The Psychology of Clothes*, London: Hogarth.

Foucault, Michel (1977) *Discipline and Punish*, London: Allen Lane. ミシェル・フーコー、『監獄の誕生』(田村俶訳)、新潮社、1977 年。

Fox-Genovese, Elisabeth (1978) 'Yves Saint Laurent's Peasant Revolution', *Marxist Perspectives* 1, 2, pp.58–93.

Fuss, Diana (1992) 'Fashion and the Homospectatorial Look', *Critical*

Inquiry 18, pp.713–37.
Gaines, Jane (1990) 'Costume and Narrative: How Dress Tells the Woman's Story' in Gaines and Herzog (eds.) *Fabrications*, pp.180–211.
Gaines, Jane and Charlotte Herzog (eds.) (1990) *Fabrications: Costume and the Female Body*, London: Routledge.
Garber, Marjorie (1992) V*ested Interests: Cross-Dressing and Cultural Anxiety*, New York: Routledge.
Gardner, Carl and Julie Sheppard (1989) *Consuming Passion: The Rise of Retail Culture*, London: Unwin Hyman.
Giroux, Henry (1993–94) 'Consuming Social Change: The "United Colors of Benetton" ', *Cultural Critique* 26, Winter, pp.5–32.
Goldman, Robert (1992) *Reading Ads Socially*, London: Routledge.
Gottdiener, Mark (1977) 'Unisex Fashion and Gender Role Change', *Semiotic Scene* 1, 3, pp.13–37.
Griggers, Cathy (1990) 'A Certain Tension in the Viosual / Culural Field: Helmut Newton, Deborah Turbeville and the VOGUE Fashion Layout', *differences* 2, 2, pp.76–104.
Hansen, Joseph and Evelyn Reed (1986) *Cosmetics, Fashion and the Exploitation of Women*, New York: Pathfinder Press.
Haug, Wolfgang Fritz (1986) *Commodity Aesthetics*, Oxford: Polity [1971].
Hebdige, Dick (1979) *Subculture: The Meaning of Style*, London: Methuen. ディック・ヘブディジ、『サブカルチャー』(山口淑子訳)、未来社、1986 年。
—— (1988) Hiding in the Light, On Images and Things, London: Routledge.
—— (1993) 'A Report from the Western Front: Postmodernism and the "Politics" of Style' in Chris Jenks (ed.) *Cultural Reproduction*, New York: Routledge, pp.69–103.
Hollander, Anne (1980) *Seeing Through Clothes*, New York: Avon.
—— (1994) *Sex and Suits*, New York: Knopf. アン・ホランダー、『性とスーツ』(中野香織訳)、白水社、1997 年。
Hume, Marion (1995) 'Fashion: A History of Controversy on the Catwalk' *Independent* [newspaper], 10 February.

Huxley, Aldous (1932) *Brave New World,* London: Chatto and Windus. アルダス・ハックスレー、『文明の危機』（谷崎隆昭訳）雄渾社、1966 年。
Jameson, Fredric (1990) *Postmodernism, or The Cultural Logic of Late Capitalism*, Durham, North Carolina: Duke University Press.
Kassarjian, Harold H. and Thomas S. Robertson (eds) (1985) *Handbook of Consumer Behavior*, New Brunswick, New Jersey: Prentice-Hall.
Kellner, Douglas (1994) 'Madonna, Fashion, Identity' in Benstock and Ferriss (eds.) *On Fashion*, pp.159–82.
Kennedy, Fraser (1985) *The Fashinable Mind,* Boston: David Godine.
König, René (1937) *The Restless Image: A Sociology of Fashion*, London: Allen and Unwin.
Kunzle, David (1982) *Fashion and Fetishism: A Social History of the Corset, Tight-Lacing and Other Forms of Body-Sculpture in the West*, Totowa, New Jersey: Rowman and Littlefield.
Laver, James (1937) *Taste and Fashion*, London: George Harrap.
—— (1969a) *A Concise History of Costume*, London: Thames and Hudson. ジェームズ・レーバー、『西洋服装史』（中川晃訳）、洋販出版、1973 年。
—— (1969b) *Modesty in Dress*, London: Heinemann.
Leach, Edmund (1958) 'Magical Hair', *Journal of the Royal Anthropological Institute* 88, 2, pp.147–64.
Leaska, Mitchell and John Phillips (1989) *Violet to Vita: The Letters of Violet Trefusis to Vita Sackville-West* 1910–21, London: Methuen.
Lefebvre, Henri (1971) *Everyday Life in the Modern World*. New York: Harper Torch Books [1968]. アンリ・ルフェーブル、『日常生活批判序説』（田中仁彦訳）、現代思潮社、1978 年。
Leong, Roger (1993) *Dressed to Kill: 100 Years of Fashion*, Canberra: National Gallery of Australia.
Leopold, Ellen (1992) 'The Manufacture of the Fashion System' in Wilson and Ash (eds.) *Chic Thrill*, pp.101–16.
Lévi-Strauss, Claude (1972) *The Savage Mind*, London: Weidenfeld and Nicolson [1966]. クロード・レヴィ＝ストロース、『野性の思考』（大

橋保夫訳)、みすず書房、1976 年。
Lipovetsky, Gilles (1994) *The Empire of Fashion: Dressing Modern Democracy*, Princeton, New Jersey: Princeton University Press [1987].
Livingstone, Jennie (dir.) (1990) *Paris Is Burning,* Premium Films, USA.
Luck, Kate (1992) 'Trouble in Eden, Trouble with Eve' in Wilson and Ash (eds.) *Chic Thrills*, pp.200–12.
Lunt, Peter and Sonia Livingstone (1992) *Mass Consumption and Personal Identity*, Buckingham, Philadelphia: Open University Press.
Lurie, Alison (1992) *The Language of Clothes*, London: Bloomsbury [1981]. アリソン・リュリー、『衣服の記号論』(本幡和枝訳)、文化出版局、1987 年。
McCracken, Grant (1988) *Culture and Consumption*, Bloomington: Indiana University Press. グラント・マクラッケン、『文化と消費とシンボルと』(小池和子訳)、勁草書房 1990 年。
McKendrick, Neil, John Brewer and J. H. Plumb (1982) *The Birth of a Consumer Society,* London: Europa.
McRobbie, Angela (ed.) (1988) *Zoot Suits and Second-Hand Dresses: An Anthology of Fashion and Music*, London: Unwin Hyman.
Marchand, Roland (1985) *Advertising: The American Dream 1920–1940,* Berkeley, California: University of California Press.
Maynard, Margaret (1994) *Fashioned From Penury: Dress as Cultural Practice in Colonial Australia*, Cambridge: Cambridge University Press.
Miller, Daniel (1987) *Material Culture and Mass Consumption*, Oxford: Blackwell.
Miller, Michael (1981) The Bon Marché Bourgeois Culture and the Department Store 1869–1920, Princeton, New Jersey: Princeton University Press.
Mitchell, Louise et al. (1994) *Christian Dior: The Magic of Fashion*, Sydney: Powerhouse Museum.
Moers, Ellen (1960) *The Dandy: Brummell to Beerbohm,* Lincoln: University of Nebraska Press.
Molloy, John (1975) *Dress for Success*, New York: Warner Books.
—— (1977) *The Woman's Dress for Success Book*, New York: Warner

Books. ジョン・モロイ、『キャリア・ウーマンの服装学』（犬養智子訳）、三笠書房、1978 年。
More, Thomas (1965) *Utopia*, Middlesex: Penguin [1516]. トマス・モア、『ユートピア』（平井正穂訳）、岩波文庫、1957 年。
Morris, William (1970) *News from Nowhere*, Boston: Routledge and Kegan Paul [1891]. ウィリアム・モリス、『ユートピアだより』（松村達夫訳）岩波文庫。
Mukerji, Chandra (1983) *From Graven Images: Patterns of Modern Materialism,* New York: Columbia University Press.
Nava, Mica (1981) 'Consumerism and its Contradictions', *Cultural Studies* 1, 2, pp.204–10.
Nixon, Sean (1992) 'Have You Got the Look? Masculinities and Shopping Spectacle' in Shields (eds.) *Lifestyle Shopping*, pp.149–69.
O'Sickey, Ingeborg (1994) 'Barbie Magazine and the Aesthetic Commodification of Girls' Bodies' in Benstock and Ferriss (eds.) *On Fashion*, pp.21–40.
Packard, Vance (1957) *The Hidden Persuaders*, Middlesex: Penguin. ヴァンス・パッカード、『かくれた説得者』（林周二訳）、ダイヤモンド社、1958 年。
Partington, Angela (1992) 'Popular Fashion and Working-Class Affluence' in Wilson and Ash (eds.) *Chic Thrills*, pp.145–61.
Perrot, Philippe (1994) *Fashioning The Bourgeoisie: A History of Closthing in the Nineteenth Century*, Princeton, New Jersey: Princeton University Press [1981]. フィリップ・ペロー、『衣服のアルケオロジー』（大矢タカヤス訳）、文化出版局、1985 年。
Poggioli, Renato (1968) *The Theory of the Avant-Garde*, Cambridge, Massachusetts: Belknap [1962]. レナート・ポッジョーリ、『アヴァンギャルドの理論』（篠田綾子訳）、晶文社、1988 年。
Polhemus, Ted (1994) *Streetstyle: From Sidewalk to Catwalk*, London: Thames and Hudson. テッド・ポレマス、『ストリートスタイル』（福田美環子訳）、シンコーミュージック、1995 年。
Rabine, Leslie (1994) 'A Woman's Two Bodies: Fashion Magazines, Consumerism, and Feminism' in Benstock and Ferriss (eds.) *On*

Fashion, pp.59–75.

Radway, Janice (1984) *Reading the Romance*, London: Verso.

Reekie, Gail (1992) 'Changes in the Adamless Eden: The Spatial and Sexual Transformation of a Brisbane Department Store 1930–90' in Shields (ed.) *Lifestyle Shopping*, pp.170–94.

—— (1993) *Temptations: Sex, Selling and the Department Store*, Sydney: Allen and Unwin.

Ribeiro, Aileen (1986) *Dress and Morality*, London: Batsford.

—— (1992) 'Utopian Dress' in Wilson and Ash (eds.) *Chic Thrills*, pp.225–37.

Roberts, Hélène (1977) 'The Exquisite Slave: The Role of Clothes in the Making of the Victorian Woman', *Signs* 2, 3, pp.554–69.

Rolley, Katrina (1990) 'Cutting a Dash: The Dress of Radclyffe Hall and Una Troubridge', *Feminist Review* 35, pp.54–66.

—— (1992) 'Love, Desire and the Pursuit of the Whole: Dress and the Lesbian Couple' in Wilson and Ash (eds.) *Chic Thrills*, pp.30–9.

Ross, Andrew (1994) 'Tribalism in Effect' in Benstock and Ferriss (eds.) *On Fashion*, pp.284–99.

Rykiel, Sonia (1994) 'From Celebration' in Benstock and Ferriss (eds.) *On Fashion*, pp.100–8.

Sahlins, Marshall (1976) *Culture and Practical Reason*, Chicago: University of Chicago Press. マーシャル・サーリンズ、『人類学と文化記号論』（山内昶訳）、法政大学出版局、1987年。

Schilder, Paul (1935) *The Image and Appearance of the Human Body: Studies of the Constructive Energies in the Psyche*, New York: International Universities Press. ポール・シルダー、『身体の心理学』（秋本辰雄・秋山俊夫編訳）、星和書店、1987年。

Shields, Rob (ed.) (1992) *Lifestyle Shopping: The Subjectivity of Consumption*, London: Routledge.

Shloss, Carol (1994) 'Off the (W)rack: Fashion and Pain in the Work of Diane Arbus' in Benstock and Ferriss (eds.) *On Fashion*, pp.111–24.

Silverman, Kaja (1986) 'Fragments of a Fashionable Discourse' in Tania

Modleski (ed.) *Studies in Entertainment: Critical Approaches to Mass Culture,* Bloomington: University of Indiana Press, pp.139–52.
Simmel, Georg (1950) 'Adornment' in *The Sociology of Georg Simmel*, New York: Free Press, pp.338 ミ 44. ゲオルク・ジンメル、『著作集　文化の哲学』（円子修平・大久保健治訳）、白水社、1976 年。
—— (1971) *On Individuality and Social Forms*, Chicago: University of Chicago Press, Chicago.
—— (1971a) 'Fashion' in Simmel *On Individuality and Social Forms*, pp.294–323 [1904].
—— (1971b) 'The Metropolis and Mental Life' in Simmel *On Individuality and Social Forms*, pp.324–39 [1903].
—— (1978) *The Philosophy of Money*, London: Routledge, Kegan and Paul.
Sontag, Susan (1966) 'Notes on Camp' in *Against Interpretation*. New York: Farrar. Straus and Giroux. スーザン・ソンタグ、『反解釈』（高橋康也他訳）、竹内書店、1971 年。
Spencer, Neil (1992) 'Menswear in the 1980s: Revolt into Conformity' in Wilson and Ash (eds.) *Chic Thrills*, pp.40–8.
Steele, Valerie (1985) *Fashion and Eroticism: Ideals of Feminine Beauty from the Victorian Era to the Jazz Age*, Oxford: Oxford University Press.
—— (1988) *Paris Fashion: A Culturral History*, Oxford: Oxford University Press.
—— (1992) 'Chanel in Context' in Wilson and Ash (eds.) *Chic Thrills*, pp.118–26.
Stone, Gregory (1954) 'City Shoppers and Urban Indentification: Observations on the Social Psychology of City Life', *American Journal of Sociology* 60, pp.36–45.
Swanson, Gillian (1994) ' "Drunk with the Glitter": Consuming Spaces and Sexual Geographies' in Sophie Watson and Kathy Gibson (eds.) *Postmodern Cities and Spaces*, Oxford: Blackwell, pp.80–98.
Taylor, Lou (1992) 'Paris Couture 1940–1944' in Wilson and Ash (eds.) *Chic Thrills*, pp.127–44.
Triggs, Teal (1992) 'Framing Masculinity: Herb Ritts, Bruce Weber and the

Body Perfect' in Wilson and Ash (eds.) *Chic Thrills*, pp.25–9.

Turim, Maureen (1990) 'Designing Women: The Emergence of the New Sweetheart Line' in Gaines and Herzog (eds.) *Fabrications*, pp.212–28.

Veblen, Thorstein (1899) *A Theory of the Leisure Class*, New York: American Classics. ソースティン・ヴェブレン、『有閑階級の理論』(小原敬士訳)、岩波文庫、1961 年。

von Boehn, Max (1932) *Modes and Manners*, 4 vols, New York: Benjamin Blom. マックス・フォン・ベーン、『モードの生活 文化史１・２』(永野・井本訳、イングリート・ロシェク編)、河出書房新社、1989、90 年。

Wells, H. G. (1922) *A Modern Utopia*, London: Nelson [1905].

Williams, Raymond (1980) 'Advertising: The Magic System' in *Problems in Materialism and Culture*, London: Verso.

Williams, Rosalind (1982) *Dream Worlds: Mass Consumption in Late Nineteenth-Century France*, Berkeley, California: University of California Press. ロザリンド・ウィリアムズ、『夢の消費革命』(吉田典子・田村真理訳)、工作舎、1996 年。

Wilson, Elizabeth (1985) *Adorned in Dreams: Fashion and Modernity,* London: Virago.

—— (1990) 'Deviant Dress', *Feminist Review* 35, pp.67–74.

—— (1992) 'Fashion and the Postmodern Body' in Wilson and Ash (eds.) *Chic Thrills*, pp.3–16.

Wilson, Elizabeth and Juliet Ash (eds.) (1992) *Chic Thrills*, Berkeley, California: University of California Press.

Wilson, Elizabeth and Laurie Taylor (1989) *Through the Looking Glass*, London: BBC Books.

Wright, Lee (1992) 'Outgrown Clothes for Grown-Up People: Constructing a Theory of Fashion' in Wilson and Ash (eds.) *Chic Thrills*, pp.49–57.

Yonowitch, Lee (1995a) 'Designer Withdraws Pyjamas after Jews Protest', Reuters News Service, 7 February.

—— (1995b) 'Pyjama Gaffe Shakes Fashion World into Reality', Reuters News Service, 20 February.

Zola, Émile (1957) *Ladies' Delight*, London: John Calder [1883]. エミール・ゾラ、『奥様ご用心』（大高順雄訳）、出版書肆パトリア、1958 年。

著者紹介
ジョアン・フィンケルシュタイン（Joanne Finkelstein）
オーストラリアのラトロブ大学、モナッシュ大学で社会学を学び、その後アメリカ、イリノイ大学にて博士課程を修める。アメリカ、オーストラリア、ニュージーランドの各大学で教鞭を執り、現在はオーストラリアのシドニー大学で社会学理論とカルチュラルスタディーズを教える。消費社会、ファッション、大衆文化、都市経験について研究書、論文など多数。著書に『外でお食事（Dinin Out)』、『つくり上げられた自己（The Fashioned Self)』、『シックの奴隷（Slaves of Chic)』など。

訳者略歴
成実弘至（なるみ　ひろし）
1964年生まれ。大阪大学大学院文学研究科修了。マーケティング、出版編集を経て、ロンドン大学大学院ゴールドスミス校にて社会学修士を取得。現在、京都造形芸術大学准教授。社会学、文化研究。編著として『問いかけるファッション』（せりか書房、2001年）、『モードと身体』（角川書店、2003年）、『空間管理社会』（阿部潔との共編著、新曜社、2006年）、訳書にグラント・マクラッケン著『ヘアカルチャー』（パルコ出版、1998年）、グレアム・ターナー著『カルチュラル・スタディーズ入門』（共訳、作品社、1999年）など。

ファッションの文化社会学

2007年9月25日　新装版第1刷発行

著　者　ジョアン・フィンケルシュタイン
訳　者　成実弘至
発行者　船橋純一郎
発行所　株式会社せりか書房
　　　　東京都千代田区猿楽町 1-3-11　大津ビル 1F
　　　　電話 03-3291-4676　振替 00150-6-143601　http://www.serica.co.jp
印　刷　信毎書籍印刷株式会社

ISBN978-4-7967-0279-9

Joanne Finkelstein: "AFTER A FASHION"

This book was first published by Melbourne University Press.
This book is published in Japan by arrangement with Melbourne University Press, Victoria, Australia, through le Bureau des Copyrights Français, Tokyo.